事物掌故丛谈

校订本 丙

杨荫深 编著

衣冠服饰

上海辞书出版社

序

衣冠服饰，古今不同。在昔专制时代，自天子以至庶人，服制皆有规定，上得兼下，而下不得僭上。今则此种制度，已成过去，各人服饰，全随自由；且欧风东渐，服制更多变革，与吾国古时所服，迥异其趣。故欲以今制考证古制，事极困难。惟形制虽异，名称犹昔，如袍如衫，如裙如袴，以至如鞋袜，如冠帽，古今固多同其名称。今即就此习见习闻之衣服名称，分别考其由来，述其沿革。其为昔有今已不复存在者，则以本丛书名为日常事物，概不举列。大抵古今服制，其不同之点有二：一为古服上衣下裳，今则衣裳相连，而裳名转废；二为古服皆极宽大，惟武装较为窄小，今则除僧衣道服犹存古制外，普通服制，惟窄是从。其相同之点亦有二：一为古时平民服色，类为皂白而已，今除妇女以外，男子服色固仍如此；二为今日所服衣饰，仍不出于古时创制以外，虽间有变革，而名称仍如古时。其他首饰脂粉，过去如此，今日亦然，固无何等之分别也。此稿之成，为时极促，坊间又无同样著作，足供参考，取舍之间，全凭臆测，惟大雅正之！

杨荫深　一九四五年五月二十一日

目录 CONTENTS

目录

Robe

肖形印

今以衣长而有里或衬的，叫做夹袍绵袍。袍盖长衣之一，而与衫有别，古亦如此，所以汉刘熙《释名》云："袍，丈夫著下至跗者也。袍，苞也，苞，内衣也。妇人以绛作衣裳，上下连，四起施缘，亦曰袍。"又据五代马缟《中华古今注》云：

袍者，自有虞氏即有之，故《国语》曰：『袍以朝见也。』至贞观年中，左右寻常供奉赐袍，丞相长孙无忌上议，于袍上加襕，取象于缘，诏从之。

袍

今以衣长而有里或衬的，叫做夹袍绵袍。袍盖长衣之一，而与衫有别，古亦如此。

此云自古即有，想当然的，但如《后汉书·舆服志》云："袍者，周公抱成王宴居，故施袍。"似以为周公所创，恐未必然。至袍的颜色，历代均有规定，今则无此制度，自可不述。又袍的长至跗，古今正同。至如宋陆游《老学庵笔记》所云：

故事，谪散官虽别驾司马，皆封赐如故，至司户参军，则夺封赐，故世传寇莱公谪雷州，借录事参军绿袍拜命，袍短才至膝。又予少时见王性之曾夫人言，曾丞相谪廉州司户，亦借其侄绿袍拜命云。

此所谓“短仅及膝”，未必定制如此，乃系借来的袍过短之故，所以袍终是长的。

又《礼记·玉藻》云：“纩为襺（“襺”通“茧”——编者注），缊为袍。”据郑注：“纩谓今之新绵也；缊谓今纩及旧絮也。”疏云：“如郑此言，云缊谓今纩者，谓好绵也，则郑注之时，以好者为绵，恶者为絮，故云缊谓今纩及旧絮也。”按：此注疏殊含混不清。推《礼》原意，古时的袍实有两种，一种以丝绵为衬，称襺而不称袍，故字从衣从茧，绵即从茧出的，此为袍之上者；一种以旧絮为衬，则直称袍，袍只包而已（后来《广韵》又解缊为枲麻，则或衬之以乱麻），此为袍之下者。所以《论语》有“衣敝缊袍”，《庄子》有“缊袍无里”，皆言缊袍为贫者之服。大约自汉以后，襺亦称袍，彼此已无分别，所以郑注云“今纩及旧絮”，盖兼及二衣而言的。

袍在汉以后即以为朝服之称，其服色历代均有规定，然唐以前尚无严格区别，且臣民均可服黄色。自唐以后，乃惟许天子服黄，臣民不得僭服，以迄清末还是

如此。(其详可参阅附录《历代服制辑略》)

说起袍的故事，最为后人所称羡的，无过于须贾赠范雎的绨袍，唐高适诗所谓："尚有绨袍赠，应怜范叔寒。"据《史记·范雎列传》云：

魏中大夫须贾，为魏昭王使于齐，范雎从。须贾以为雎持魏国阴事告齐，归告魏齐。魏齐大怒，使舍人笞击雎，折胁折齿。雎佯死，即卷以箦，置厕中。雎从箦中谓守者曰：『公能出我，我必厚谢公。』守者乃请出弃箦中死人。魏齐醉曰：『可矣。』范雎得出，更名姓曰张禄，入秦为相，而魏不知，以为范雎已死久矣。魏闻秦且东伐韩魏，魏使须贾于秦。范雎闻之，为微行敝衣，闲步之邸见须贾。须贾见之而惊曰：『范叔固无恙乎？』范雎曰：『然。』须贾曰：『今叔何事？』范雎曰：『臣为人庸赁。』须贾意哀之，留与坐饮食，曰：『范叔一寒如此哉？』乃取其一绨袍以赐之。须贾因问曰：『秦相张君，公知之乎？』范雎曰：『主人翁习知之。唯雎亦得谒，请为君见于张君。』范雎为须贾御，至相舍门，谓贾曰：『待我，我为君先入通于相君。』须贾待门下，持车良久，问门下曰：『范叔不出何也？』门下曰：『无范叔。』须贾曰：『乡者与我载而入者？』门下曰：『乃吾相张君也。』须贾大惊。范雎盛帷帐，侍者甚众，见之。须贾顿首言死罪。范雎曰：『汝罪有三耳，然公之所以得无死者，以绨袍恋恋有故人之意，故释公。』

袍在汉以后即为朝服之称，其服色历代均有规定，然唐以前尚无严格区别，且臣民皆可服黄色。自唐以后，乃惟许天子服黄，臣民不得僭服，以迄清末还是如此。

这个故事写得极为有声有色，因袍而得释命，可与孟尝君因裘而得逃生，无独有偶的故事。此外有因袍而成姻缘的，亦可谓奇事。唐孟棨《本事诗》云：

开元中，颁赐边军纩衣，制于宫中。有兵士于短袍中得诗曰：『沙场征戍客，寒苦若为眠。战袍经手作，知落阿谁边？蓄意多添线，含情更著绵。今生已过也，重结后生缘。』兵士以诗白于帅，帅进之。玄宗命以诗遍示六宫，曰：『有作者勿隐，吾不罪汝。』有一宫人自言万死，玄宗深悯之，遂以嫁得诗人，仍谓之曰：『我与汝结今生缘。』边人皆感泣。

这大约真有其事的，唐代宫人独多此韵事，后之红叶题诗，也出于唐宫中哩！

二 裘

Fur Coat

裘古文作求，以兽皮为衣，即所谓皮衣，求字实象其下垂的形状。种类很多，高下不一，诚如明宋应星《天工开物》所云：

凡取兽皮制服，统名曰裘，贵至貂狐，贱至羊麂，值分百等。貂产辽东外徼建州地及朝鲜国。其鼠好食松子，夜伺树下，屏息悄声而射取之。一貂之皮，方不盈尺，积六十余貂，仅成一裘。服貂裘者，立风雪中，更暖于宇下，眯入目中，拭之即出，所以贵也。色有三种：一白者曰银貂，一纯黑，一黯黄。凡狐貉亦产燕齐辽汴诸道，纯白狐腋裘，价与貂相仿；黄褐狐裘值貂五分之一；御寒温体，功用次于貂。凡关外狐取毛见底青黑，中国者吹开见白色，以此分优劣。羊皮裘母贱子贵，在腹者名曰胞羔，毛文略具；初生者名曰乳羔，皮上毛似耳环脚；三月者曰跑羔；七月者曰走羔，毛文渐直。胞羔乳羔为裘不膻。古者羔裘为大夫之服，今西北搢绅亦贵重之。其老大羊皮，硝熟为裘，裘质痴重，则贱者之服耳。然此皆绵羊所为，若南方短毛革，硝其鞟如纸薄，止供画灯之用而已。服羊裘者腥膻之气，习久而俱化，南方不习者不堪也。然寒凉渐杀，亦无所用之。麂皮去毛硝熟为袄裤，御风便体，袜靴更佳。此物广南繁生外，中土则积集楚中望华山，为市皮之所。麂皮且御蝎患，北人制衣而外，割条以缘衾边，则蝎自远去。虎豹至文，将军用以彰身。犬豕至贱，役夫用以适足。

裘 裘古文作求，以兽皮为衣，即所谓皮衣，求字实象其下垂的形状。种类很多，高下不一。

西戎尚獭皮，以为毳衣领饰。襄黄之人，穷山越国，射取而远货，得重价焉。殊方异物，如金丝猿上用为帽套，扯里狲御服以为袍，皆非中华物也。兽皮衣人，此其大略，方物则不可殚述。飞禽之中，有取鹰腹雁胁毳毛，杀生盈万，乃得一裘，名天鹅绒者，将焉用之！

以上述裘衣甚详。按：古时所服的裘，不外狐羔而已，至后世乃渐讲究，名目遂多。其所以独用狐羔，据汉班固《白虎通》云：

裘所以佐女工助温也。古者缁衣羔裘，黄衣狐裘。禽兽众多，独以狐羔何？取其轻暖。因狐死首丘，明君子不忘本也。羔者取跪乳逊顺也。故天子狐白，诸侯狐黄，大夫苍，士羔裘，亦因别尊卑也。

则大有意义存乎其间，但其实还怕是取此二兽的皮较易而已，因北方正多狐及羔羊，未必如《白虎通》之所说的。不过就此可知道古时穿裘，大有等级，不如现在可以随便穿的。此风在清代还是如此，如《清会典》所载：“康熙元年，军民人等，不许用貂皮、猞猁狲、狐肷。”又：“康熙十二年，凡无品笔帖式以下至兵民人等不许用银鼠皮。”均可知服裘等级之严了。又古时服裘亦有规定，如《礼记·玉藻》所云：

君衣狐白裘，锦衣以裼之。君之右虎裘，厥左狼裘。士不衣狐白。君子狐青裘豹褎（豹皮为袖），玄绡衣以裼之。麛裘青豻褎，绞衣以裼之。羔裘豹饰（饰谓袖也），缁衣以裼之。狐裘，黄衣以裼之。锦衣狐裘，诸侯之服也。犬羊之裘不裼，不文饰也不裼。裘之裼也，见美也。吊则袭，不尽饰也。君在则裼，尽饰也。

裘

古时穿裘，大有等级，不如现在可以随便穿的。此风在清代还是如此，如《清会典》所载：“康熙元年，军民人等，不许用貂皮、猞猁狲、狐肷。”

此所谓裼，就是裘上的衣，大约如现在所谓面子，如狐白裘则以锦为面，狐青裘以玄绡为面。所以如此规定者，据郑注云："凡裼衣象裘色。"故狐白用锦，狐青用玄绡。《五经要义》于此曾加以解释云：

古者著裘于内，而以缯衣覆之，乃加以朝服。朝会之时，袒其朝服见裘里。覆衣谓之裼，裼之言露可见之辞。所以示美呈好而为饰，加以朝服谓之袭，袒谓之裼。大裘不覆，反本取其质也。

是古时著裘，裘外有裼衣，裼衣外又有朝服。但朝会之时，脱去朝服，即见裘了。此裼衣大约不如现在面子与裘相缝的。又如《经义丛钞》所云："古人于裘外皆加正服。裼者两袖微卷起以露裘之美，袭则下其所卷之袖而已。先儒以袭裼为二重，以裼为半臂单衣，殊谬。"以《礼记》文意推之，恐怕先儒之说未必为谬的。

我国人著裘，均将裘向内，不露于外，而西人著法，正与我国相反，将裘向外露着。此种反著，其实古代也未始没有，如汉刘向《新序》云：

魏文侯出游，见路人反裘而负刍。文侯曰：『胡为反裘而负刍？』对曰：『臣爱其毛。』文侯曰：『若不知其里尽，而毛无所恃邪？』

此反裘正如现在西人的著法，只是当时未见通行，故魏文侯以为异，而此路人也被人视为怪物了。其实“爱其毛”的话，倒确是对反裘者很好的说法。到了现今妇女著皮大衣的，无不如此，人皆不以为异了。

说到裘，古时曾赖此以救得一命的，那便是孟尝君的狗盗故事。《史记·孟尝君列传》云：

孟尝君将入秦，宾客莫欲其行，谏，不听。苏代谓曰：『今旦代从外来，见木禺人与土禺人相与语。木禺人曰，天雨，子将败矣。土禺人曰，我生于土，败则归土。今天雨，流子而行，未知所止息也。今秦虎狼之国也，而君欲往，如有不得还，君得无为土禺人所笑乎？』孟尝君乃止。齐湣王二十五年，复卒使孟尝君入秦。昭王即以孟尝君为秦相。人或说秦昭王曰：『孟尝君贤，而又齐族也。今相秦，必先齐而后秦，秦其危矣。』于是秦昭王乃止，囚孟尝君，谋欲杀之。孟尝君使人抵昭王幸姬求解。幸姬曰：『妾愿得君狐白裘。』此时孟尝君有一狐白裘直千金，天下无双，入秦献之昭王，更无他裘。孟尝君患之，遍问客，莫能对，最下坐有能为狗盗者，曰：『臣能得狐白裘。』乃夜为狗以入秦宫藏中，取所献狐白裘至，以献秦王幸姬。幸姬为言昭王，昭王释孟尝君。

孟尝君为战国时四公子之一，好客闻于天下，甚至连小偷也收罗在内。可是这一次为了狐白裘事，全赖那个能为狗的小偷，否则孟尝君的性命是难保了。

三 衫

衣冠服饰

Unlined Upper Garment

今以单衣为衫，有长有短。按：古称单衣长的为深衣，短的为中单，其称衫者乃始于秦时，如五代马缟《中华古今注·布衫》云：

布衫：三皇及周末，庶人服短褐襦服深衣，秦始皇以布开胯，名曰衫，用布者，尊女工之尚，不忘本也。……盖三代之衬衣也，《礼》曰中单，汉高祖与楚交战，归帐中汗透，遂改名汗衫。

又宋高承《事物纪原》亦云：

《旧唐书·舆服志》曰：『马周上议，《礼》无服衫之文，三代有深衣，请襕袖褾襈，为士人上服。开骻者名缺骻衫，庶人服之。』即今四袴衫也，盖自马周始。《实录》曰：『古者朝燕之服有中单，郊享之服，又有明衣，至汉高祖与项羽战争之际，汗透中单，遂有汗衫之名也。』

按：汗衫今别有其物，系传自外洋，此汗衫实指中单，亦即今所谓短衫。至于深衣，《礼记》中有《深衣》一篇，即专述此衣制度的，兹引录如下：

古者深衣，盖有制度，以应规矩绳权衡。短毋见肤，长毋被土。续衽钩边，要缝半下。袼之高下，可以运肘。袂之长短，反诎之及肘。带下毋厌髀，上毋厌胁，当无骨者。制十有二幅，以应十有二月。袂圜以应规，曲袷如矩以应方，负绳及踝以应直，下齐如权衡以应平。故规者，行举手以为容。负绳抱方者，以直其政，方其义也，故《易》曰：『坤六二之动，直以方也。』下齐如权衡者，以安志而平心也。五法已施，故圣人服之。故规矩取其无私，绳取其直，权衡取其平。故先王贵之，故可以为文，可以为武，可以摈相，可以治军旅，完且弗费，善衣之次也。具父母、大父母，衣纯以缋。具父母，衣纯以青。如孤子，衣纯以素。纯袂，缘，纯边，广各寸半。

据各家注疏，所以称为深衣的，因此衣为自天子而至庶人皆服的，且应五法，其意甚深，故以为名。古者朝服祭服丧服衣裳皆异制，上为衣，下为裳，惟深衣则衣连裳而不分，这实为后世长衫的由来。此衣袖（即袂）圆如规，领（即袷）方如矩，背缝如绳直，下摆（即下齐）如权衡的平，所以说应规矩绳权衡五法。衣则短毋见身，长毋拖地，正如现今长衫。衽即襟，与裳相续，故谓之续衽，或云合缝为续衽。在裳之边，曲以钩束，故谓之钩边，或云覆缝为钩边。要缝是比下齐的一半，故云半下。袼是袖与衣接当腋下缝合的地方，肘是臂中的曲节。带则为今长衫所无，其长在髀胁两者之中无骨的地方。至于制十二幅，因此衣须用布十二幅，计衣与袖四幅，裳四幅，又续衽钩边四幅，如此缝合而成。又此种深衣，也可用花边，纯即衣缘，缋即画文，不过这是要父母或大父母俱存的。如仅存父母，则仅用青边，无父母的，则用素边。深衣之制大略如此，故实可为后来长衫的滥觞。

然此种深衣，后世无闻，至唐乃有马周稍改其制，于其下著襕及裙，名为襕衫，以为士子之服，所以唐宋士人，多著襕衫。据《宋史·舆服志》云："襕衫以白细布为之，圆领大袖，下施横襕为裳，腰间有襞积，进士及国子生州县生服之。"然所制不仅为布，如《拊掌录》所云：

石资政中立好诙谐，乐易人也。尝于杨文公家会葬，坐客乃执政及贵游子弟，皆服白襕衫，或罗或绢有差等，中立大恸。人问其故，曰：『忆吾父。』又问之曰：『父在时当得罗襕衫也。』盖见在执政子弟服罗而石止服绢，坐中皆大笑。

是亦有用罗绢制的。此外宋时尚有一种窄衫，颇与现今的长衫相似，如宋李心传《朝野杂记》(《御定渊鉴类函》引)云：

宋自军兴，士大夫始衣紫窄衫，上下如一。绍兴九年，诏长吏毋得以戎服临民，复用冠带。秦桧死，魏道弼秉政，复举行之，论者以为扰，士人贫者尤患苦之。

又据朱熹《晦庵语录》云："绍兴间士人犹是白凉衫，至后来军兴，又变为紫衫，皆戎服也。"既云戎服，故自不宽大而窄，且上下如一，自与襕衫不同。今长衫虽与古制不同，要与此已相似的。

四 袄

Padded Coat

今以袍的短者为袄，故又有短袄之称；又夹衫亦称夹袄，可长可短，长的便称长夹袄，短的便称短夹袄。按：《说文》无袄字，《玉篇》云："袍，袄也。"是以袄为袍属。据宋高承《事物纪原》云：

《旧唐书·舆服志》：『燕服，古亵服也，亦谓之常服，江南以巾褐裙襦，北朝杂以戎夷之制，至北齐，有长帽短靴合袴袄子，朱紫玄黄杂色，各任所好。若非元正大会，一切通用，盖取便于作事。则今代袄子之始，自北齐起也。』

是袄子有两种，一即古时的亵服，是长的；一则始自北齐，是短的，故有“取其便于作事”之语。又据五代马缟《中华古今注》云：

宫人披袄子，盖袍之遗象也。汉文帝以立冬日，赐宫侍承恩者及百官披袄子，多以五色绣罗为之，或以锦为之，始有其名。炀帝宫中，有云鹤金银泥披袄子，则天以赭黄罗上银泥袄子以燕居。

则袄子又起于汉时，盖即所谓长袄的了。同书又云：

隋文帝征辽，诏武官服缺胯袄子，取军用如服有所妨也，其三品以上皆紫。至武德元年，高祖诏其诸卫将军，每至十月一日，皆服缺胯袄子，织成紫瑞兽袄子，左右武卫将军服豹文袄子，左右翊卫将军服瑞鹰文袄子，其七品以上陪位散员官等皆服绿无文绫袄子，至今不易其制。又侍中马周请于汗衫等上，常以立冬日加服小缺袄子，诏从之，永以为式。

此所述缺胯袄子，盖如今的短袄了。北齐之袄，尚与裤连，故称合裤袄子，此则缺胯，当是又裁短如今制的。本为武官之服，后因马周请加于汗衫之上，其形制又较前者为小，故别称小缺胯袄子，后人从便，即称为袄子，这就是现在绵袄夹袄的由来了，可说始于唐时。因为是寒天所用，故常以立冬日加服。袄本服在外面，至是又有服在里面的了。

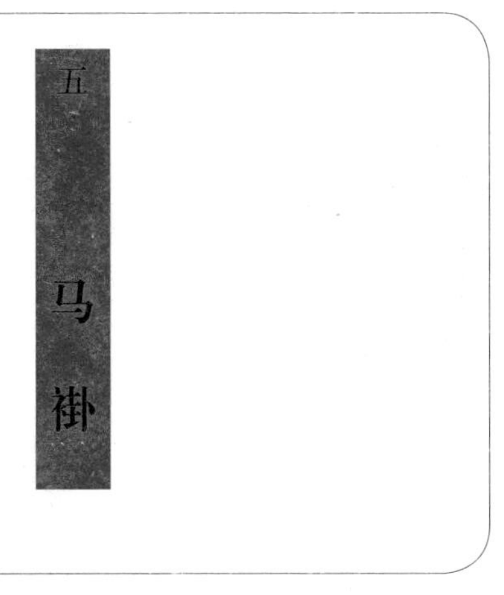

五 马褂

Mandarin Jacket

马褂

今长衫之外著以短衣，俗称马褂。按：此为清制，乃马上所著，故称马褂。

今长衫之外著以短衣，俗称马褂。按：此为清制，乃马上所著，故称马褂。古无褂字，惟有袿，为妇人的上服，且音圭，与今褂不相类。据清赵翼《陔馀丛考》云：

> 凡扈从及出使皆服短褂，亦曰马褂，马上所服也，疑即古半臂之制。《说文》：『无袂衣谓之褚。』赵宧光以为即半臂，其小者谓之背子。此说非也，既曰半臂，则其袖必及臂之半，正如今之马褂。其无袖者，乃谓之背子耳。……刘孝孙《事原》：『隋大业中，内官多服半除，即今之长袖也。唐高祖减其袖，谓之半臂。』则唐初已有其制。《唐书》：『韦坚为租庸使，聚江淮运船于广运潭，令陕尉崔成甫著锦半臂缺胯绿衫而裼之，唱《得宝歌》，请明皇临观。』又曾三异《同话录》有貉袖一条云：『近岁衣制，有一种长不过腰，两袖仅掩肘，以帛为之，仍用夹里，名曰貉袖。起于御马院圉人，短前后襟者，坐鞍上不妨脱著，以其便于控驭也。』此又宋人短褂之制。然短袖之服，又不仅起于唐宋，按：《魏志·杨阜传》：『阜尝见明帝著帽披缥绫半袖，问帝曰，此于礼何法服也？』则短袖由来久矣。

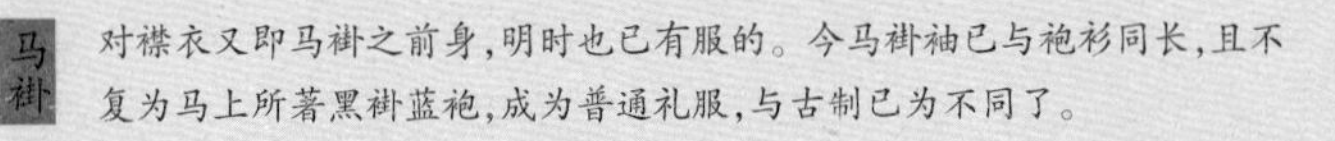

马褂

对襟衣又即马褂之前身，明时也已有服的。今马褂袖已与袍衫同长，且不复为马上所著黑褂蓝袍，成为普通礼服，与古制已为不同了。

则马褂虽为清制，实即古之短袖半臂。又按：五代马缟《中华古今注》云：

> 半臂，尚书右仆射马周上疏云：『士庶服章有所未通者，臣请中单上加半臂，以为得礼。其武官等诸服长衫，亦请之判余，以别文武。』诏从之。

是唐已盛服半臂之衣。又清顾炎武《日知录》云：

> 对襟衣，《太祖实录》：『洪武二十六年三月，禁官民步卒人等服对襟衣，惟骑马许服，以便于乘马故也。其不应服而服者罪之。』今之罩甲，即对襟衣也。

是此对襟衣又即马褂之前身，明时也已有服的。今马褂袖已与袍衫同长，且不复为马上所著黑褂蓝袍，成为普通礼服，与古制已为不同了。

六 背子

Waistcoat

背子亦称为背心或马甲，无袖而短，通常著于衫内或衫外。昔年妇女所著又有长与衫同的，称为长马甲。惟自盛行短袖后，长马甲形制已与衫同，故今又被废弃了。按：清顾炎武《日知录》云：

《戒庵漫笔》云：『罩甲之制比甲稍长，比袄减短，正德间创自武宗，近日士大夫有服者。』按：《说文》：『无袂衣谓之褙。』赵宧光曰：『半臂衣也，武士谓之蔽甲，方俗谓之披袄，小者曰背子，即此制也。』《魏志·杨阜传》：『阜见明帝著帽被缥绫半袖，问帝曰，此于礼何法服也？』则当时已有此制。

此言背子于古即有，惟云半臂半袖，则清赵翼《陔馀丛考》以为非是，背子实古裲裆之制。他说：

《说文》：『无袂衣谓之⿰衤有。』赵宧光以为即半臂，其小者谓之背子。此说非也，既曰半臂，则其袖必及臂之半，正如今之马褂。其无袖者，乃谓之背子耳。……背子即古裲裆之制。《南史·柳元景传》：『薛安都著绛衲裲裆衫，驰入贼阵。』《玉篇》云：『裲裆其一当背，其一当胸。』朱谋垏《骈雅》：『裲裆，胸背衣也。』

按：此说极是，既称半臂半袖，则至少尚有袖的，今背子绝无其袖，是正如《说文》的襘，《玉篇》的裲裆，且背心之意，正谓一在背一在心，心与胸同。至称为马甲，大约亦如马褂便于马上所著。惟可异者，则明王圻《三才图会》，其图半臂正如今的背子而无袖，且加说明云：

《实录》曰："隋大业中，内官多服半涂，即长袖也。唐高祖减其袖谓之半臂，今背子也。江淮之间或曰绰子。士人竞服，隋始制之也。今俗名搭护，又名背心。"

则明人似亦以半臂为背子，非如赵氏所云。惟云隋时始制，未必可信，盖古裲裆实亦为背子。按：汉刘熙《释名》，亦有"裲裆其一当胸其一当背"之说，则背子汉时实已有之，早于隋时数百年了。《三才图会》又有褙子，云："即今披风。《实录》云，秦二世诏朝服上加褙子，其制袖短于衫，身与衫齐而大袖。宋又长与裙齐，而袖宽于衫。"观其图形，与衫略同，惟为对襟而已。按：今亦有披风，无袖而披于衣外，用以蔽风，故名。然与褙子实不类。古称为帔，《释名》所谓："帔，披也，披之肩背，不及下也。"《南史·任昉传》云："昉子西华，冬月著葛帔。"正是今的披风，故亦称披风为披肩，披应作帔。然明张自烈作《正字通》，亦谓："帔，褙子也，省作背，以其覆肩背也。"与王氏所说正同。又《文献通考》论褐兼及背子云：

褐者，裾垂至地。《张良传》：『有老父衣褐至良所。』师古曰：『褐制若裘，今道士所服者是也。』裘即如今之道服也，斜领交裾，与今长背子略同；

其异者，背子开衩，裘则缝合两腋也。然今世道士所服，又略与裘异。裘之两裾交相掩拥，而道士则两裾直垂也，师古略举其概，故不能详也，长背子古无之，或云近出宣政间；然小说载苏文忠禅衣衬朝服，即在宣政之前矣。详今长背，既与裘制大同小异，而与古中单又大相似，殆加减其制而为之耳。则中单腋下缝合，而背子则离异其裾。中单两腋各有带穴，其穴而互穿之，以约定里衣；至背子则既悉去其带，惟此为异也。至其用以衬藉公裳，则意制全是中单也。今世好古而存旧者，缝两带缀背子腋下，垂而不用，盖放中单之交带也，虽不以束衣，而遂舒垂之，欲存古也。

此所云背子，亦正与王氏所说相同，盖与无袖的背子不同。大约古所谓背子，亦为一种衬衣，故与中单相仿。今所谓背子，实古的裲裆。两衣原不相同，自明人混称为背子后，遂使人牵绕不清，故今之背子，实不如称背心为妥。此外又有一种袜肚，俗称肚单，据五代马缟《中华古今注》云：

袜肚，盖文王所制也，谓之腰巾，但以缯为之。宫女以彩为之，名曰腰彩。至汉武帝以四带，名曰袜肚。至灵帝赐宫人蹙金丝合胜袜肚，亦名齐裆。

是由来已久了。

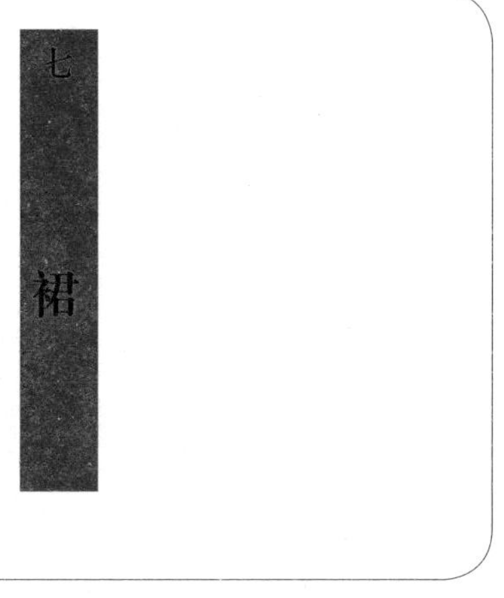

七 裙

Skirt

裙 裙本作帬，即所谓下裳。古者服上曰衣，下曰裳，裙即女人所服的下裳。

今以女子下衣为裙。男子也有一种作裙，或名缘裙，则大抵为农民工人所服。然裙之为服，现在已渐淘汰。女子自长袍盛行以后，即多不著裙，仅女学生尚有著短裙的，但与古制也已不同。至男子所谓缘裙，也渐在废除之列，服者已罕见了。

裙本作帬，即所谓下裳。古者服上曰衣，下曰裳，裙即女人所服的下裳。据五代马缟《中华古今注》云：

> 古之前制衣裳相连，至周文王令女人服裙，裙上加翟，衣皆以绢为之。始皇元年，宫人令服五色花罗裙，至今礼席有短裙焉。衬裙，隋大业中炀帝制五色夹缬花罗裙以赐宫人及百僚母妻，又制单丝罗以为花笼裙，常侍宴供奉宫人所服。后又于裙上剪丝凤，缀于缝上，取象古之褕翟。至开元中犹有制焉。

此云裙有两种，一即称裙，一为衬裙，皆女人所服，最早始于周文王时。又如宋高承《事物纪原》云：

梁简文诗：『罗裙宜细裥。』先是广西妇人衣裙，其后曳地四五尺，行则以两婢前挡，简多而细，名曰『马牙简』，或古之遗制也；与汉文帝后宫衣不曳地者不同。韵书曰：『裥，裙幅相摄也。』今北方尚有贴地者，盖谓不缠足之故，欲裙长以掩之也。杜牧《咏袜》诗云：『五陵年少欺他醉，笑把花前出画裙。』盖唐时裙长亦可以掩足也。画裙今俗盛行。

此所云长裙曳地至四五尺，则颇与今日女礼服相似，惟今乃连衣，且传自外洋，与仅为裙长的又属不同。

裙当以布制的为最粗服，其精巧的如唐安乐公主所服，可谓前所未闻，后无此制，因此当时目为妖服。如《唐书·五行志》云：

安乐公主使尚方合百鸟毛织二裙，正视为一色，傍视为一色，日中为一色，影中为一色，而百鸟之状皆见。以其一献韦后。公主又以百兽毛为鞯面，韦后则集鸟毛为之，皆具其鸟兽状，工费巨万。公主初出降，益州献单丝碧罗笼裙，缕金为花鸟，细如丝发，大如黍米，眼鼻嘴甲皆备，瞭视者方见之，皆服妖也。

裙

裙有两种，一即称裙，一为衬裙，皆女人所服，最早始于周文王时……至于裙的形制，古今颇同，皆连幅裁制。

又唐时妇人最爱红裙，如白居易诗有："移舟木兰棹，行酒石榴裙。"杜甫诗有："野花留宝靥，蔓草见红裙。"韩愈诗有："不解文字饮，惟能醉红裙。"不一而足。笔记中如五代王仁裕《开元天宝遗事》云："长安士女游春野步，遇名花则设席藉草，以红裙递相插挂，以为宴幄。"今人称男子爱女子之甚者，辄有"拜倒石榴裙下"之语，此石榴裙实即指红裙，以其红如石榴花也。

以上所说，皆为女子著裙的故事，至于男子，古时也如女人著裙，盖即上衣下裳之意。如《文献通考》云：

> 《传授经》曰：『老子去周，左慈在魏，并葛巾单裙，不著褐。』则是直著短衫而以裙束其上。晋王献之书羊欣练裙，朱公叔《绝交论》谓西华之子，冬月葛衣练裙。盖古人不徒衣袴，必以裙袭之，是正上衣下裳之制也。

又《宋书·五行志》云："晋兴后衣服上俭下丰，著衣者皆厌腰盖裙。"可知六朝时男子著裙也很盛行的，不限于女人。王献之书羊欣练裙，事见《宋书·羊欣传》。传云：

欣时年十二，王献之为吴兴太守，甚知爱之。献之尝夏月入县，欣著新绢裙昼寝，献之书裙数幅而去。欣本工书，因此弥善。

至于裙的形制，古今颇同，皆连幅裁制，《释名》所谓："裙下裳也，连接裙幅也。"又如《荆湖近事》云：

周行逢为武安节度使，妇人所著裙皆不缝，谓之散幅裙。或曰裙之于身，以幅多为尚，周匝于身；今乃散开，是不周也。不周不缝，是姓与名俱去矣。夫幅者福也，福已破散，其能久乎？未几行逢卒。

可知裙是以幅多为尚的。

八 袴

Loose Leggings

袴今俗作裤。按：裤实为裈字之误，字音昆，与裩同。古时袴长而裈短，袴无裆而裈有裆，后世既统称为袴，又以裈而讹为裤字，实非。按：五代马缟《中华古今注》云：

> 裈，三代不见所述。周文王所制裈，长至膝，谓之弊衣。贱人不可服，曰良衣，盖良人之服也。至魏文帝赐宫人绯交裆，即今之裈也。袴盖古之裳也，周武王以布为之，名曰褶；敬王以缯为之，名曰袴，但不缝口而已，庶人衣服也。至汉章帝以绫为之，加下缘，名曰口，常以端午日赐百官水纹绫袴。

此以裩为周文王所制,袴为周敬王所制,当本于晋崔豹的《古今注》。又按:宋高承《事物纪原》云:

干宝《搜神记》:『晋时始有袴。』按:《汉书·外戚传》:『霍后令宫人皆为穷袴。』注云:『即今裩裆袴,多用带,有前后裆,不得交通。』又按:《史记》屠岸贾灭赵氏,赵朔之妻有遗腹生男,贾索之,夫人置之袴中,自此始也。今时武士大口袴,是魏文上马袴也。裈,亵衣也。汉司马相如著犊鼻裈,晋阮咸七夕晒犊鼻裈,以三尺布为之,前后各一幅,中裁两尖裆交凑之。周文王制裈长于膝。今吴中妇女多穿大脚开裆裈,独浦城妇人不穿裈,广西土官妇女亦不穿裈,著裙五六层,其后曳地四五尺,盖夷俗也。唐人以花上晒裈为杀风景。

是均言袴长而裈短。惟此云袴亦有裆，则实始于汉，古实无有。按：《汉书·外戚传》原云："孝昭上官皇后，亦霍光外孙。光欲皇后擅宠有子，帝时体不安，左右及医皆阿意言宜禁内，虽宫人使令，皆为穷绔，多其带。"服虔曰："穷绔有前后当，不得交通也。"师古曰："绔古袴字，穷绔即今裩裆袴也。"推其文意，是袴本无裆，至是因帝体不安，为少御宫人之故，使宫人及使令皆为穷袴，正所以防帝接近之意，故师古以为如唐的裩裆袴，盖此穷袴也有裆如裩了，绲即裩字。今则不论短袴长袴，皆有裆，惟小孩的袴没有而已。

袴在古时并不视为重要服装之一，甚且有不穿的，如上引所谓夷俗，而穷人亦多如此，如《韩非子》有云：

齐有狗盗之子，与刖危子戏而相夸。盗子曰：『吾父之裘独有尾。』危子曰：『吾父独冬不失袴。』

以“冬不失袴”为夸，则可知有冬失袴的。又如《三国志·贾逵传》注引《魏略》云：

逵世为著姓，少孤家贫，冬常无袴，过其妻兄柳孚宿，其明无何，著孚袴去，故时人谓之通健。

又如宋刘义庆《世说新语》云：

范宣洁行廉约，韩豫章遗绢百匹不受，减五十匹复不受，如是减半，遂至一匹，既终不受。韩后与范同载，就车中裂二丈与范云：『人宁可使妇无裈邪？』范笑而受之。

此皆言穷而无袴，亦可见袴较为次要，故穷人外衣不可不穿，袴却可以省了的。今人则视袴为重要，宁可有袴而无外衣，否则将视为淫邪之流了。此外古时对于袴的形制亦不甚讲究，如汉时《汉官仪》仅规定著红袴，云："汉家火德，宜著绛袴。"不若其他衣冠有种种的形制规定。《南史》且记梁元帝因愍怀太子著碧丝布袴，见之大怪。史云：

太子昵狎群下，好著微服。尝入朝，公服中著碧丝布袴，抠衣高，元帝见之大怪，遣尚书周弘正责之。

于此可知袴是不应怎样讲究的,故元帝有此怪责。又如《魏书·乐浪王忠传》云:

肃宗泛舟天渊池,命宗室诸王陪宴。忠愚而无智,性好衣服,遂著红罗襦,绣作领;碧紬袴,锦为缘。帝谓曰:『朝廷衣冠,应有常式,何为著百戏衣?』忠曰:『臣少来所爱,情存绮罗;歌衣舞服,是臣所愿。』帝曰:『人之无良,乃至此乎?』

也说袴是不应十分讲究的。惟此风至唐宋已不为然,陆游《老学庵笔记》曾记其"祖妣楚国郑夫人有先左丞遗服一箧,袴有绣者,白地白绣,鹅黄地鹅黄绣。祖妣云,当时士大夫皆然也"。盖渐讲究袴的形制了。

九 帽

Caps and Hats

帽

今戴于头上的皆称为帽，古则有冕冠弁帽巾等等之分，除冕专属于天子以至大夫所戴以外，冠弁帽巾则名目甚多，种类不一。

今戴于头上的皆称为帽，古则有冕冠弁帽巾等等之分，除冕专属于天子以至大夫所戴以外，冠弁帽巾则名目甚多，种类不一。大抵其初皆称为冠，《后汉书·舆服志》所谓："上古穴居野处，衣毛冒皮；后世圣人见鸟兽有冠角頔胡，遂制冠冕缨緌。"弁则象形，《释名》云："弁如两手相合抃时也。以爵韦为之，谓之爵弁；以鹿皮为之，谓之皮弁；以韎韦为之，谓之韦弁也。"盖均用皮制成的。巾则较为后起，《玉篇》所谓："佩巾本以拭物，后人著之于头。"盖即以巾裹头，后遂以此裹头的物为巾，其实也同于帽。至《释名》以为："巾，谨也，二十成人，士冠庶人巾，当自谨修于四教也。"以巾为谨，恐亦想象之辞。惟士冠庶人巾，则冠似较巾为尊，盖以构造而论，巾实较冠为简陋的。至于帽，盖亦巾类，故字从巾，《说文》则作冃，《释名》以为："帽，冒也。"未言其由来如何。《晋书·舆服志》则云：

九 帽

帽名犹冠也，义取于蒙覆其首。其本缅也。古者冠无帻，冠下有缅，以缯为之。后世施帻于冠，因或裁缅为帽。自乘舆宴居，下至庶人无爵者皆服之。江左时，野人已著帽，人士亦往往而然，但其顶圆耳，后乃高其屋云。

是帽为古时所无。帻亦巾类，蔡邕《独断》云："帻，古者卑贱执事不冠者之所服也。元帝额有壮发，不欲使人见，始进帻服之，群臣皆随焉。"是冠中有帻，始于汉元帝。缅本附于冠的，其效用亦与帻相似，《释名》所谓"缅以韬发"是也。后则以此缅裁而为帽，于是不冠也可戴用，帽遂与冠巾同为戴首之物。其风或始于汉时，而至晋时已很盛行的。此三者的不同，明李时珍《本草纲目》中有很简要的说明。他说：

> 古以尺布裹头为巾，后世以纱罗布葛缝合，方者曰巾，圆者曰帽，加以漆制曰冠。又束发之帛曰纚，覆发之巾曰帻，罩发之络曰网巾，近制也。

网巾乃始于明，故云近制。今帽无方者，故亦无巾称。冠则旧剧里尚有运用，普通人已不戴了。惟圆者的帽最为通行，虽式样不一，然均属帽类，这所以现在只称为帽，不称冠巾的了。

就帽说帽，今最通行的有大帽、草帽、瓜皮帽等等。大帽以呢制成，盖传自西洋，然我国古亦有其名称，五代马缟《中华古今注》云："大帽子本岩叟草野之服也。至魏文帝，诏百官常以立冬日贵贱通戴，谓之温帽。"但不知其形制如何。又如明王圻《三才图会》云："大帽尝见稗官云，国初高皇幸学，见诸生班烈日中，因赐遮荫帽，此其制也。今起家科贡者则用之。"观其形制，与今大帽无异，惟多一条帽带而已。此云烈日中遮荫之用，似如今的草帽。瓜皮帽明时亦有，《三才图会》所谓帽子"用帛六瓣缝成之，其制类古皮弁，特缝间少玉饰耳。此为齐民之服"。瓜皮盖象其形，正此六瓣缝成的帽子。另据明陆深《豫章漫抄》云：

今人所戴小帽，以六瓣合缝，下缀以檐如筩。阎副闳谓予言，亦太祖所制，若曰六合一统云尔。杨维桢廉夫以方巾见太祖，问其制，对曰：『四方平定巾。』上喜，令士人皆得戴之。

则六瓣含意实深。方巾制甚简便，盖上方而下圆，今尚有之，惟不如小帽的通行，普通多用于丧服，以白布为之，即称白帽。按：古时不论庆吊，皆可戴白帽，其忌而为丧用，实始于宋，如宋周密《癸辛杂识》云：

宋齐之间，天子燕私多著白高帽，或以白纱，今所画梁武帝像亦然，盖当时国子生亦服白纱巾。晋人著白接䍦，谢万著白纶巾，南齐垣崇祖白纱帽，《南史》和帝时百姓皆著下檐白纱帽，《唐六典》天子服有白纱帽，他如白帢白帽之类，通为庆吊之服。古乐府《白纻歌》云：『质如轻云色如银，制以为袍余作巾。』杜诗『光明白毡巾』『当念著白帽』。白乐天诗云：『青筇竹杖白纱巾。』然则古之所以不忌白者，盖丧服皆用麻，重而斩齐，轻而功缌，皆麻也。自麻之外，缯缟固不待言，苎葛虽布属亦皆吉服。后世人多忌讳，宜乎巾帽之不以白也。

衣冠服饰

又有一种风兜，似帽而后垂长，用于冬令，以御风寒。近人柴萼《梵天庐丛录》以为即古风帽。

此外又有一种风兜，似帽而后垂长，用于冬令，以御风寒。近人柴萼《梵天庐丛录》以为即古风帽，云："风帽者，冬日御寒之具。范成大诗，雨中风帽笑归迟。吴人谓之风兜。兜字殆自兜鍪而来，古谓之胄，俗谓之盔，战帽也。"

一〇 袜

Socks

袜古本作韈，盖用韦（柔皮）所制，后乃作袜，是不用韦的了。按：五代马缟《中华古今注》云：

三代及周著角袜，以带系于踝。至魏文帝吴妃乃改样以罗为之，后加以彩绣画，至今不易。

是角袜当用韦制的，至魏乃用罗制，故字又改从衣旁罢！又宋高承《事物纪原》亦云：

袜，《实录》曰：『三代时已有之，谓之角袜，前后两相承，中心系之以带。至魏文帝吴妃乃始裁缝，以绫罗为之，即今袜也。』《炙毂子》曰：『足衣也，文王伐崇而袜系带，已见于商时。』

是此种角袜必有带，至魏乃始裁缝，不复用带。汉时也是角袜，故如《汉书·张释之传》云：

释之为廷尉，有王生者，善为黄老言，处士，尝召居廷中。公卿尽会立，王生老人曰：『吾袜解。』顾谓释之：『为我结袜。』释之跪而结之。既已，人或让王生：『独奈何廷辱张廷尉如此？』王生曰：『吾老且贱，自度终亡益于张廷尉。廷尉方天下名臣，吾故聊使结袜，欲以重之。』诸公闻之，贤王生而重释之。

既有袜带，当是角袜无疑。惟后汉时实亦有罗袜，张衡《南都赋》曾云："修袖缭绕而满庭，罗袜蹑蹀而容与。"是又不始于魏的。不过自魏以后，袜不再为皮所制，非罗即布，以至于现今，方效西法不用裁缝，以针相织，这实在还是近数十年的事，为前所未有的。

又古时以脱袜为敬礼，古书中记载颇多。如《尚书·说命上》云："爰立（说）作相，王置诸其左右，命之曰：朝夕纳诲，以辅台德。若跣弗视地，厥足用伤。"此跣明为赤足，则当时虽有袜，正有不袜而跣者。但此尚不能证明脱袜为敬礼，至如《左传》哀公二十五年云：

卫侯为灵台于藉圃，与诸大夫饮酒焉。褚师声子袜而登席，公怒。辞曰：『臣有疾，异于人，若见之，君将𣪍之，是以不敢。』公愈怒。大夫辞之，不可。褚师出，公戟其手，曰：『必断而足！』闻之，褚师与司寇亥乘，曰：『今日幸而后亡。』

则明言褚师声子因袜而登席，卫侯遂认为大不敬，非断其足不可。虽然褚师声辩足有烂疮，看了恐怕作呕(㱿，许角反，呕吐也)，但仍不为公所谅解。幸而褚师逃得较快，所以还不至于断足。足见脱袜之为敬礼，在当时实为一大事。晋杜预注云："古者臣见君解袜。"是解袜之为敬礼，直如今之脱帽然，而事态尤较脱帽为严重。又同书宣公二年云：

晋侯饮赵盾酒，伏甲将攻之。其右提弥明知之，趋登曰：『臣侍君宴，过三爵，非礼也。』遂跣以下。

此云“跣以下”，亦明为脱袜而饮者，否则袜而登席，匆促下来，还何从跣起？又《诗·小雅·采菽》云：“赤芾在股，邪幅在下；彼交匪纾，天子所予。”据序，谓：“刺幽王也，侮慢诸侯。诸侯来朝，不能锡命，以礼数征会之，而无信义，君子见微而思古焉。”则诗中所写，明为古时臣下见君的礼制，亦谓：“赤芾在股，邪幅在下。”芾即蔽膝之物，故在股。邪幅，按：汉郑玄笺：“如今行縢也。逼束其胫，自足至膝，故曰在下。”即如今之绑腿布，用以绑腿的。诗不言袜屦而仅言赤芾与邪幅，亦可谓臣见天子不袜之一证。顾炎武《日知录》所谓：“古者臣见君，解袜。既解袜，则露其邪幅，而人得见之。《采菽》之诗，所以为咏。”正可作此诗的注解。

此外《仪礼》与《礼记》中，虽无脱袜之说，而脱屦之文甚多，兹不妨举录数则如下：

退坐取屦，隐辟而后屦。（《仪礼·士相见礼》）
众宾皆降，说（同脱）屦揖让，如初升坐。（《仪礼·乡饮酒礼》）
主人以宾揖让，说屦乃升；大夫及众宾，皆说屦升坐。（《仪礼·乡射礼》）
宾友入，及乡大夫，皆说屦升。（《仪礼·燕礼》）
侍坐于长者，屦不上于堂；解屦不敢当阶。就屦，跪而举之，屏于侧，乡长者而屦，跪而迁屦，俯而纳屦。（《礼记·曲礼》）
排阖说屦于户内者，一人而已矣，有尊长在则否。（《礼记·少仪》）

此均所谓脱屦者。是否于脱屦之后再加脱袜，则不得而知。然古人原有屦而不袜者，如汉刘向《说苑》云：

晋平公不悦，置酒虒祁之台，使郎中马章布蒺藜于阶上，令人召师旷。师旷至，履而上堂。平公曰：『安有人臣履而上人主堂者乎？』师旷解履刺足，伏刺膝，仰天而叹。公起引之曰：『今者与叟戏，叟遽忧乎？』

此云“解屦刺足”，则屦内明未著袜，否则袜用皮制，何至刺足？是古人不仅脱袜，亦有根本不袜者矣。果尔，则诸礼中所谓“脱屦”，间接亦等于脱袜。又《吕氏春秋·至忠篇》云：

> 齐王疾痏，使人之宋，迎文挚。文挚至，不解屦，登床履王衣，问王之疾。王怒，而不与言。文挚因出辞以重怒王，王叱而起，疾乃遂已。王大怒不说，将生烹文挚。太子与王后急争之，而不能得，果以鼎生烹文挚，爨之。

按：此正与褚师声子不脱袜的情形相类，此虽仅云“不解屦”，则或许即指不脱袜了。又《庄子·列御寇篇》有“列子提屦跣而走”之文，亦可证明。当时确有屦内无袜者，脱屦实可等于脱袜。

以上所说，皆为先秦脱袜大概情形；至秦汉以下，此风仍盛，如汉刘向《新序》云：

秦二世胡亥之为公子也，昆弟数人。诏置酒飨群臣，召诸子。诸子赐食先罢；胡亥下阶，视群臣陈履状，善者因行践败而去。诸子闻见之者，莫不太息。

云"下阶，视群臣陈履状"，可知秦时群臣上殿亦脱袜。又如《史记·萧相国世家》云：

于是乃令萧何赐带剑履上殿，入朝不趋。上曰：『吾闻进贤受上赏，萧何功最高。』

因萧何功最高，故特赐带剑履上殿，可知普通大臣，仍非脱履不可。同书又云：

高帝不怿，是日使使持节赦出相国。相国年老，素恭谨，入，徒跣谢。

此相国即萧何，盖萧何后得罪，已无特赏资格，故徒跣入谢。云徒跣，自非仅脱履，而且脱袜。盖待罪之人，必须行最敬之礼，自非徒跣不可，是汉时亦以脱袜为至敬的礼节。又《史记·文帝纪》云：

帝崩于未央宫，遗诏曰：『其令天下吏民，令到出临三日皆释服，毋禁取妇嫁女，祠祀饮酒食肉者，自当给丧事服，临者皆无践。』

"跣",据晋灼曰:"汉语作跣,跣,徒跣也。"天子之丧,吏民例应徒跣,文帝宽仁,故令"无跣"。按:《礼记·丧大记》亦有"徒跣"之文,是知古时服丧皆须脱袜,以表敬礼,此又与今制不相同的地方了。

此后晋与南朝,亦仍以脱袜为至敬。赐剑履上殿者,史不绝书,皆可知非特赐不能不脱袜。晋徐乾古《履议》云:

先代以来,优崇重臣,言剑履则包舄也。大臣升殿,不唯朝会,或私觌独见,临时所着,不必是舄,故总言履,以明不跣也。

盖是时优崇重臣，故云不跣，则非优崇者仍须跣也。又，《隋书·礼仪志》云：

梁天监十一年，尚书参议：『《礼》跣袜，事由燕坐，履不宜陈尊者之侧。今则极敬之所，莫不皆跣。清庙崇严，既绝恒礼，凡履行，应皆跣袜。』诏可。

按：《礼记·少仪》中，有"凡祭于室中堂上无跣，燕则有之"之文，是指祭祀可不跣，而燕飨则如此。但至梁朝，则一切应遵敬礼之处，皆须脱袜，可谓更进一步。至平时闲居，亦多不袜，如晋虞预《会稽典录》云：

贺邵字兴伯，山阴人也。为人美容止，正其衣冠，尊其瞻视，动静有常。与人交，久而敬之。至在官府，左右莫见其洗沐。坐常著袜，希见其足。

以"坐常著袜"特著文中，则可知当时多不袜，故以著为可异。清顾炎武《日知录》中亦谓："贺邵为人美容止，坐常著袜，希见其足；则汉魏之世，不袜而见足者多矣。"又宋刘义庆《世说新语》云："谢遏夏月尝仰卧，谢公清晨卒来，不暇著衣，跣出户外，方蹑履问讯。"是在户内固常跣足的。然此风沿至唐代，已不仍然。如《新唐书·棣王琰传》云："妃韦，以过置别室。而二孺人争宠不平，求巫者密置符琰履中以求媚，仇人告琰厌魅上。帝伺其朝，使人取履视之，信。"是入朝已不脱履，更无论脱袜矣。又同书《李白传》云："帝爱其才，数宴见。白尝侍帝，醉，使高力士脱靴。力士素贵，耻之。"云"醉，使高力士脱靴"，则未醉之前，固在帝前著靴，此皆可谓唐时臣见君不再脱袜的明证。同时，遇有祭祀，亦不再跣袜，如同书《刘子玄传》云：

皇太子将释奠国学，有司具仪，从臣著衣冠乘马。子玄议：『古大夫以上皆乘车，以马为骓服。今陵庙巡谒，王公册命，士庶亲迎，则盛服冠履乘辂车，他事无车，故贵贱通乘马。比法驾所幸，侍臣皆马上朝服。且冠履惟可配车，故博带褒衣，革履高冠是车中服。袜而镫，跣而鞍，非唯不师于古，亦自取惊流俗。马逸人颠，受嗤行路。』太子从之，因著为定令。

推此文意，盖本为"袜而镫，跣而鞍"者，今以其不师于古（此古，当指《礼记·少仪》所谓"凡祭于室中堂上无跣"），且易于马逸人颠，故取缔之。是知唐之祭时也不用脱袜了。又唐李肇《国史补》云："韦陟有疾，房太尉琯使子弟问之。延入卧内，行步悉藉茵毯。房氏子袜而登阶，侍婢皆笑之。"以"袜而登阶"为可笑，则必是当时已革古制，而房氏子仍遵古制，所以觉得可笑罢！按：棣王琰为玄宗之子，皇太子即玄宗，时为太子，李刘韦房皆为玄宗时人，可知唐时脱袜之风，至玄宗时已渐杀。自此以后，脱袜以为敬礼，遂无复有奉行者了。

以上所述，尽关男子方面，而未及于女人；然女人古时实亦多脱袜者，如《淮南子》云："古者家老异饭而食，殊器而享；子妇跣而上堂，跪而斟羹。"云"跣而上堂"，是子妇之事翁姑，亦非脱袜不可。又如晋无名氏《双行缠》云："新罗绣行缠，足趺如春妍。他人不言好，独我知可怜。"按：行缠即行縢，缠腿布也，足趺为足背，云"足背如春妍"则不袜可知。又唐李白有《越女词》

云："长干吴儿女，眉目艳星月。屐上足如霜，不著鸦头袜。"又《浣纱石上女》云："玉面耶溪女，青蛾红粉妆。一双金齿屐，两足白如霜。"诗皆写唐时江浙妇女有不袜者。固知我国古时，女子也尽多脱袜而露其双足的。惟自唐以后，女子皆多缠足，于是欲露已无可能。但各省偏僻之处，仍有不染此风而脱袜的，如明谢肇淛《五杂组》云：

今世吾闽、兴化、漳泉三郡，以屐当靸，洗足竟，即跣而著之。不论贵贱，男女皆然，盖其地妇人多不缠足也。女屐加以彩画，时作龙头，终日行屋中阁阁然，想似西子响屧廊时也，可发一笑。

又如清刘銮《五石瓠》云：

四川妇女多殊色极妆，而跣其胫，无膝衣，无行缠，无屐，如霜素足，尝见于大市中，不以为异。粤中风俗亦然，而乘以木屐，屐虽敝犹躠躠，晴云赤日之前，不以为赘。惟士大夫历官南北者，归而变其内，竞习弓鞋。闽妇女亦多不袜。

是闽、粤、四川一带，明清时原有不袜而行于大市上的，众并不以为异。现在一到夏令，新式女子也每多脱袜而露足了。

二 鞋

Shoes

鞋，古有许多种类，各有名称，鞋亦为其中之一，今则统称为鞋，很少分别。如汉扬雄《方言》云：

> 扉、屦、麤，履也。徐兖之郊谓之「扉」，自关而西谓之「屦」，中有木者谓之「複舄」，自关而东複履其庳者谓之「鞔」，下禅者谓之「鞮」，丝作之者谓之「履」，麻作之者谓之「不借」，麤者谓之「屐」，东北朝鲜洌水之间谓之「靰角」，南楚江沔之间总谓之「麤」，西南梁益之间或谓之「屐」，或谓之「屩」，履其通语也。

是履因各地方言不同，而有许多名称。又如汉刘熙《释名》云：

一一 鞋

『履』，礼也，饰足所以为礼也。复其下曰『舄』，舄，腊也，行礼久立地或泥湿，故複其末下，使干腊也。『屦』，拘也，所以拘足也。齐人谓韦屦曰扉，扉，皮也，以皮作之。『屏』，跻也，出行著之，跻跻轻便，因以为名也。『鞋』，解也，著时缩其上如履然，解其上则舒解也。『鞁』韦履深头者之名也；鞁，袭也，以其深袭覆足也。『屐』，搘也，为两足搘以践泥也。

是鞋在古时，有履、舄、屦、屝、屩、鞋、靸、屐之分。但这些究有何种分别，刘氏所释未详。据明李时珍《本草纲目》则云：

> 鞋古作鞵，即履也。古者以草为屦，以帛为履，周人以麻为鞋，皮底曰屝，木底曰舄。

是以草制的为屦，即今所谓草鞋，帛制的为履，即今所谓缎鞋，麻制的为鞋，即今所谓布鞋，以皮作底的为屝，即今所谓皮鞋，以木为底的为舄，今无此物，而别有所谓木屐，古亦有之，与舄不同。盖舄实为古时帝王大臣所服，庶人是没有的。如《诗·车攻》："赤芾金舄。"传云："舄，达屦也。"疏云："达屦，言是屦之最上达者也。此舄也而曰屦，屦通名，以舄是祭服，尊卑异之耳。"是舄为鞋中之最上尊者，与他鞋不同。又如郑锷注《周礼·天官》屦人云："有舄有屦，名官特曰屦人者，舄止于朝觐祭祀时服之，而屦则无时不用也。”是舄只用于朝觐祭祀的时候，平时是不用的，所以现在也就没有这种鞋样了。据郑司农云：“舄有三等，赤舄为上，下有白舄黑舄。王后唯祭服有舄，玄舄为上，下有青舄赤舄。”至其形制，即以普通的屦，下再加以木底而已。

又屦古虽有用草的，但亦并不尽然，盖为鞋的通称。如《仪礼·士冠礼》云：“屦夏用葛，冬皮屦。”则屦有用葛制的，也有用皮制的。晋徐乾古《履议》所谓：“今时所谓履者，自汉以前皆名为屦。”是履在汉前多称为屦，其后始以屦专称为草制的了。至履在古时亦实为鞋的通称，《方言》所谓：“履其通语也。”今亦称皮鞋为革履。屝则确是草鞋之类，古常称为芒屝，为贫贱所服。此例甚多，如《晋书·五行志》引干宝语，有“夫屝者人之贱服”。又《宋书·张畅传》：“虏尚书李孝伯曰：君南土膏粱，何为著屝？”皆其明证。屐则古时多以木制，故称木屐，今亦有之，惟作为雨具。其底有平有齿，如《晋书·宣帝本纪》：“帝使军士两千人，著软材平底木屐。”又如同书《谢安传》:“安还内过户限,心喜甚,不觉屐齿之折。”前例即为平底屐,后例即为有齿的屐。屐除木制以外,古常有帛制的,如刘熙《释名》有帛屐,云:“以帛作之如屩者。不曰帛屩者,屩不可践泥者也,此亦可以步泥而浣之,故谓屐也。”惟后世甚少其制。靸则实为皮鞋,《释名》所谓“韦履深头者”,故字从革。但《说文》却作“小儿履”解;别有鞮字,《说文》始作“革履”。是皮鞋古或称靸,又或称鞮的。

最后要说到鞋,古本作鞵,《说文》称为“革生鞮也”,则亦皮鞋之属。以《释名》“鞋,解也,著时缩其上如履然,解其上则舒解也”的话推之,其形制颇同今的皮鞋,所谓著时则缩其上,而脱时则解其上也。缩乃缩之以带,解乃解之以带的。但自宋以后,则鞋已代履而通称,如宋张安国有《棕鞋》诗,张咏有《草鞋》诗,元萨都剌有《绣鞋》诗,张昱有《蒲鞋》诗,是鞋不仅皮制,别制皆可称鞋了。

又古时称鞋为“不借”，《释名》所谓：“不借言贱易有宜，各自蓄之，不假借人也。”按：此实指草鞋，故视为贱物，晋崔豹《古今注》即云：“不借者，草履也，以其轻贱易得，故人人自有，不假借于人，故名不借也。”

此外现今又有一种拖鞋，没有鞋跟，按：此古亦称为靸鞋，如元陶宗仪《南村辍耕录》云：

西浙之人，以草为履而无跟，名曰靸鞋。妇女非缠足者通曳之。《炙毂子杂录》引《实录》云：『靸鞋舄三代皆以皮为之，朝祭之服也。始皇二年，遂以蒲为之，名曰靸鞋。二世加凤首，仍用蒲。晋永嘉元年用黄草，宫内妃御皆著，始有伏鸠头履子。梁天监中，武帝易以丝，名解脱履。至陈隋间，吴越大行，而模样差多。唐大历中进五朵草履子。建中元年进百合草履子。』据此则靸鞋之制，其来甚古。

是其制于古已有。惟《释名》云“靸韦履深头者之名也”，未言无跟，恐陶氏所云，与古之靸未必相同的。然今的拖鞋则与陶氏所说的靸鞋实同。同书又云：

> 古人舄屦履至阶必脱，唯著袜而入。《礼》『户外有二屦』，是脱屦而入者也。汉赐剑履上殿，是不赐则不敢著履上殿明矣。谏不行则纳履而去，纳结也。言纳履则在外明矣，是脱履而入者也。古者堂上皆有席，所以著袜为宜，况袜又从革乎？又按：《乡饮酒》云：『说屦揖让如初升堂。』疏云：『凡堂上揖行礼不脱屦，坐则脱屦，理固然也。』由是观之，凡宗庙堂室之间，行礼亦必不脱屦矣。夫降而脱屦，然后升坐，礼也。其后宾与主人酬酢之时，皆在两阶之间，又须降而著屦，复升于阶。酬酢之礼毕，又降而脱屦，复升于坐也。古人礼繁如此，今何略也！

按：此实为古礼，与脱袜同。今日本人尚有此风，我国则早已无之了。

二三 靴

Boots

靴本作鞾。汉刘熙《释名》以为:“鞾,跨也,两足各以一跨骑也。”盖古用于骑马之时。李时珍《本草纲目》以为:“鞾,皮履也,所以華足,故字从革、華。”按:五代马缟《中华古今注》云:

靴者,盖古西胡也。昔赵武灵王好胡服,常服之,其制短鞠黄皮,闲居之服。至马周改制,长鞠以杀之,加之以毡及绦,得著入殿省敷奏,取便乘骑也。文武百僚咸服之。至贞观三年,安西国进绯韦短鞠靴,诏内侍省分给诸司。至大历二年,宫人锦鞠靴侍于左右。

步步登高

是靴本西制，始于赵武灵王。至唐则不论文武百官皆服，甚至连宫人皆著靴了。按：唐前以靴为武装，故即使女人有著靴的，乃是女骑之流，如《晋书·石季龙载记》所云：“季龙以女骑一千为卤簿，皆著五文织成靴，游于戏马观。”否则是没有的。至于现今，著靴之风已不如往时的盛行，非武人是没有再著靴了。

靴本皮制，至唐后乃有用麻制的，如宋高承《事物纪原》所谓“唐马周以麻为靴”。此麻当指麻布。但后来也有极讲究的，虽属一时遗兴，但也可知物原无奇不有。如《南唐近事》云：

> 元宗幼学之年，冯权常给使左右，上深所亲喜，每曰：『我富贵之日，为尔置银靴焉。』保大初，听政之暇，命亲王及东宫旧僚击鞠，欢极，颁赉有等。语及前事，即日赐银三十斤，以代银靴。权遂命工锻靴穿焉，人皆哂之。

以银锻靴，真是前所未闻，但今女人有银色高跟鞋，虽非真银，而其风传自外洋，要在我国可说有其由来了。又元陶宗仪《南村辍耕录》云：

太府少监阿鲁奏取黄金三两，为御靴刺花用。上曰：『不可。』因请易以银而镀金者。上曰：『亦不可。金银首饰也，今民间所用何物？』对曰：『用铜。』上曰：『可。』杨太史瑀所言。太史居官时，日侍上，故知其详。

是元时竟有用金刺花为靴的，亦可见靴的讲究了。

Head Cloth

今以洗面拭手之物为手巾。又称毛巾，乃因此巾织成如毛状，此为近世所有，古所无的。按：古巾有两种，一种用以覆物，如《周礼·天官》："幂人掌共巾幂，祭祀以疏布巾幂八尊，以画布巾幂六彝。"此巾即用以覆物。一种乃专用以拭手，别称为帨，如《礼记·内则》"左佩纷帨"，据注："纷以拭物，帨以拭手。"其后始以帨为手巾，如宋高承《事物纪原》云：

《礼》曰：『浴用二巾，上絺下绤。』虽上下异用，而无异名。此宜三代时有之。王莽篡汉，汉王闳伏地而泣，元后亲以手巾拭其泪。巾虽始于三代，而手巾之名，实始于汉，今称曰帨是也。《礼记·内则》云：『生男则设弧于门左，生女则设帨于门右。』取事人佩巾之义。

则手巾之名，始于汉时。但此种手巾，后世又称为手帕，专以拭手及佩带之用，而与洗面之巾又有分别。按：帕古本用为裹头，故称额巾，亦称抹额。又为一种服名，如宋人《释常谈》云：

妇人施粉黛花钿，著好衣裳，谓之鲜妆帕服。《李夫人别传》曰：夫人久病，武帝亲往问之，夫人卧不回顾。武帝去，延年以下责夫人：『帝既再三顾问，合转面一见，嘱托骨肉。』夫人曰：『我若不起，帝必追思我鲜妆帕服之时，是深嘱托也。』

其以帕为手巾者，则实始于唐。五代王仁裕《开元天宝遗事》云：

贵妃每至夏月，常衣轻绡，使侍儿交扇鼓风，犹不解其热，每有汗出，红腻而多香，或拭之于巾帕之上，其色如桃红。

此巾帕当指手巾无疑。又如后蜀何光远《鉴戒录》云：

天复初，车驾幸石门，宫人杨舞头进裛泪手帕子，奉宣加楚国夫人。

天复为唐昭宗年号，可知其时亦称手巾为手帕子，故手帕之称，实始于唐，唐以前惟称手巾的。

此种手巾，或用葛制，如絺绤之类，或用丝制，如绫罗之类。而古之所谓布，实亦葛类。如晋陶潜《搜神后记》云：

汉时诸暨县吏吴详者，惮役委顿，将投窜深山。行至一溪，日欲暮，见年少女子来，衣甚端正。女曰：『我一身独居，又无邻里，唯有一孤妪，相去十余步尔。』详闻甚悦，便即随去。行一里余，即至女家，家甚贫陋，为详设食。至一更竟，忽闻一妪唤云：『张姑子！』女应曰：『诺。』详问是谁，答云：『向所道孤妪也。』二人共寝息，至晓鸡鸣，详去，二人相恋，女以紫手巾赠详，详以布手巾报之。行至昨所遇处过溪，其夜大水暴溢，深不可涉，乃回向女家，都不见昨处，但有一冢尔。

此虽志怪之谈，但紫手巾当为丝所制，而布则为葛所制，盖以棉为布，实始于唐，汉时犹无此物。此外古来手巾也有极讲究的，如唐《同昌公主传》云：“同昌公主有纹布巾，即手巾也，洁白如雪，光软特异，拭水不濡，用之弥年，亦未尝生垢腻，称得之鬼谷国。”盖此颇如今的毛巾，但说经年未尝生垢，未免视为异物。按：唐段成式《酉阳杂俎》也曾说到有异巾可以辟尘，兹附录于后，以供谈助：

高瑀在蔡州，有军将田知回易折欠数百万，忧迫计无所出。其类因为设酒开解之。坐客十余，中有称处士皇甫玄真者，衣白若鹅羽，貌甚都雅。众皆有宽勉之辞，皇但微笑曰：『此亦小事。』众散，乃独留谓田曰：『予尝游海东，获二宝物，当为君解此难。』田谢之，请具车马悉辞，行甚疾。其晚至州，舍于店中，遂晨谒高。高一见，不觉敬之。因请高曰：『玄真此来，特从尚书乞田性命。』高遽曰：『田欠官钱，非瑀私财，如何？』皇请避左右：『某于新罗获一巾子辟尘，欲献此赎田。』即于怀内探出授高，高才执，已觉体中虚凉，惊曰：『此非人臣所有，且无价矣，田之性命，恐不足酬也。』皇甫请试之。翌日，因宴于郊外，时久旱，埃尘且甚，高顾视马尾鬣及左右驺卒数人，并无纤尘。高日日礼谒，将讨其道要，一夕，忽失所在矣。

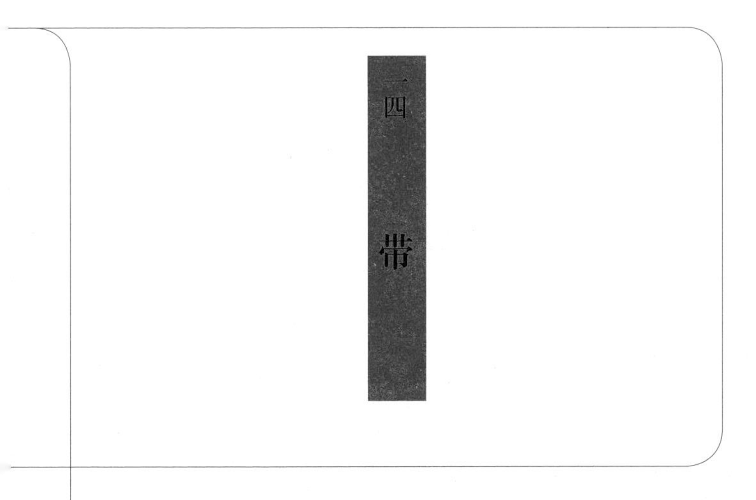

Ornament Belt

带 古时则服皆有带，用以束衣，且视为重要之物，尊卑各有分别，不可混用。即后世已失其系束之用，亦示为饰物，以存古制。

带在今人用处较少，惟袴有袴带，鞋有鞋带而已。古时则服皆有带，用以束衣，且视为重要之物，尊卑各有分别，不可混用。即后世已失其系束之用，亦示为饰物，以存古制。其详如宋陈祥道《礼书》，即有论带专篇，兹引录如下，以见带的大概：

古者革带大带，皆谓之鞶，《内则》所谓男鞶革带也，《春秋传》所谓鞶厉大带也。《易》言鞶带，扬子言鞶帨，以至许慎、服虔、杜预之徒，皆以鞶为带，特郑氏以易鞶革，为盛帨之囊，误也。《诗》言『垂带而厉』，毛苌、杜预之徒皆以厉为带之垂者，特郑氏以『而厉』为如裂，亦误也。辟犹冠裳之辟积也，率缝合之也。天子诸侯，大带终辟，则竟带之身辟之。大夫辟其垂，士辟其下而已。杂，饰也。饰带，君朱绿，大夫玄华，士缁，故《仪礼·士冠》，主人朝服缁带冠者，爵弁皮弁缁布冠皆缁带，则士带练而饰以缁也。士辟下二寸，则所辟其下端二寸也。再缭四寸，则结处再缭屈之四寸也。天子至士，带皆合帛为之，或以素，或以练，或终辟，或辟垂，或辟下。其饰或朱绿，或玄华。盖素得于自然，练成于人功。终辟则所积者备，辟垂辟下则所积者少。朱者正阳之色，绿者少阳之杂，玄与缁者阴之体，华者文之盛。惟天子体阳而兼乎下，故朱里而裨以朱绿。诸侯虽体阳而不兼乎上，故饰以朱绿而不朱里。大夫体阴而有文，故

带

《中华古今注》云："腰带盖古革带也，自三代以来，降至秦汉，皆庶人服之，而贵贱通以铜为銙，以韦为鞓。"

饰以玄华。士则体阴而已，故饰以缁。然于大夫言带广四寸，则其上可知；而士不必四寸也。于士言绅三尺，则其上可知，而有司止于二尺五寸也。凡带有率无箴功，则带纬而已，无刺绣之功也。以至并组约纽三寸，再缭四寸，绅韠结三齐，皆天子至士所同也。夫所束长所饰，则失之太拘；所饰长于束，则失之太文。绅韠结三齐，然后为称，则有司之约韠盖亦二尺五寸欤？古者于物言华，则五色备矣；于文称凡，则众礼该矣。郑氏以华为黄，以凡带为有司之带以率为士与有司之带，以辟为裨，以二寸为士带广，以至大夫以上用合帛，士以下裨而不合，皆非经据之论也。

此言带的古制，盖本之《礼记·玉藻》，而略驳郑玄的注文。按:《玉藻》原文云:“天子素带朱里终辟，而诸侯素带终辟，大夫素带辟垂，士练带率下辟，居士锦带，弟子缟带。并纽约用组三寸，长齐于带。绅长制，士三尺，有司二尺有五寸。绅韠结三齐。大夫大带四寸。杂带君朱绿，大夫玄华，士缁辟二寸，再缭四寸。凡带有率，无箴功。”其中纽为带的交结，合并其纽，用组以约，则带束而不可能了。长齐于带是说组的垂适与绅齐。韠是蔽膝，结即组，绅韠结三者皆长三尺，故为三齐。绅即大带，古者搢笏于绅，谓之搢绅，即说插笏于带之意。此种革带，至秦以后遂称为腰带，其制仍严。如五代马缟《中华古今注》云：

腰带盖古革带也，自三代以来，降至秦汉，皆庶人服之，而贵贱通以铜为銙，以韦为鞓。六品以上用银为銙，九品以上以及庶人以铁为銙。沿至贞观二年，高祖三品以上以金为銙，……汉中兴，每以端午赐百僚乌犀腰带。……贞观中，端午赐文官黑玳瑁腰带，武官黑银腰带，示色不改更故也。

銙即带的扣合处。此所言实尚简略。自是以后，历代无不重视腰带，因非现在所有，这些也不详说了。

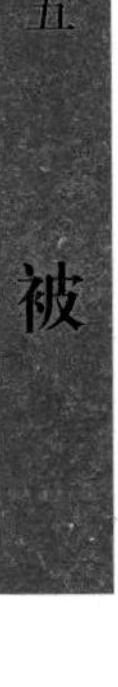

一五 被

Quilt

被,《说文》以为“寝衣”,故字从衣旁。又:“衾,大被也;裯,单被也。”是古人被乃总称,大者为衾,单者为裯。今则大被甚少称衾,单被则称为单被,而普通称被,以幅为大小,如四幅三幅等等。此种古时亦然,如晋孙舒元《在穷记》云:“遭乱之后,隰阳令述祖送四幅绛被一领。”又如元陶宗仪《南村辍耕录》云:“蜀主孟昶有一锦被,其阔犹今之三幅帛。”又如《桓任别传》云:“任后母酷恶,常憎任,为作二幅箕踵之被。”盖两幅被最小,三幅四幅最为普通。但古时又有更大的,《列女传》云:

江夏孟宗,少游学与同学共处,母为作十二幅被。其邻妇怪而问之,母曰:『小儿无异操,惧朋类之不顾,故大其被,以招贫生之卧,庶闻君子之言耳。』

此乃特别原因，颇如今日僧寺三四人共床的被，然其阔也恐怕没有至十二幅的。至如《梁书·裴之横传》说："之横不事产业，兄之尚为狭被蔬食以激之，之横曰，大丈夫富贵当作百幅被。及后立功，乃作百幅被。"阔至百幅，那诚可谓古今惟一大被了。

古来被有极讲究的，如唐苏鹗《杜阳杂编》云：

唐元和八年，大轸国贡神锦被，冰蚕丝所织也。方二丈，厚一寸。其上龙文凤彩，殆非人工可及。暑月覆之，清凉透体。

被能在"暑月覆之，清凉透体"，是诚可谓神物。又如《南村辍耕录》云：

蜀主孟昶有一锦被，其阔犹今之三幅帛，而一梭织成。被头作二穴，若云版样，盖以叩于项下，如盘领状，两侧余锦则拥覆于肩，此之谓鸳衾也。

以被作穴，实为古今所未闻。至于普通的则如布被，较佳则为锦被绣被，殆与今同。此外宋时尚有一种纸被，为今所未有。如刘子翚有《答吕居仁惠建昌纸被诗》，陆游有《寄谢待制朱丈纸被之贶诗》，谢枋得有《求纸衾诗》。据刘诗云：

尝闻旴江藤，苍崖走虬屈。
斩之霜露秋，沤以沧浪色。
粉身从澼洸，蜕骨齐丽密。
乃知莹然姿，故自渐陶出。

又陆诗云：

纸被围身度雪天，
白于狐腋暖于绵。
放翁用处君知否？
不是蒲团夜坐禅。

则纸被之制，实非普通的纸，乃用一种藤所制成，故较普通纸为坚韧，可以为被。盱江即建昌江，在今江西省境，是纸被出产于该地的。此外又有一种芦花被，亦为今所未闻。《元史·小云石海涯传》云：

> 小云石海涯辞官还江南，偶过梁山泺，见渔父织芦花为被，欲易之以绌。渔父曰：『君欲吾被，当更赋诗。』遂援笔立就，竟持被去。

则不知将芦花用何法以织被的。

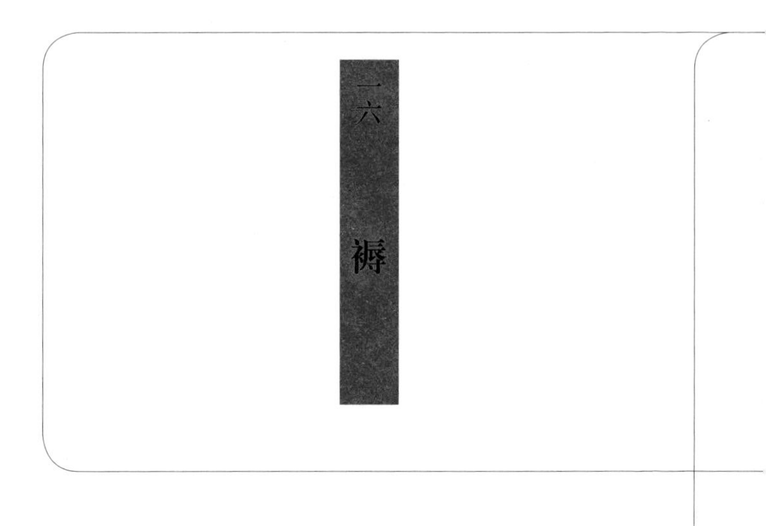

Cotton-padded Mattress

褥，汉刘熙《释名》以为："褥，辱也，人所坐亵辱也。"褥有两种：一种用于床上，俗称垫被；一种用于椅或车上，俗称坐垫或垫子，古则又称为茵，《诗·秦风》疏云："茵者，车上之褥。"

褥在古时大抵贵者用罗锦所制，贱者即为布类；亦有用兽皮的，此种多用于坐椅。此外如唐苏鹗《杜阳杂编》云：

唐元载宠姬薛瑶英，载为处却尘褥。褥出句骊国，是却尘之兽毛所为也，其色殷鲜，光软无比。

则似以兽毛所织成，与今毡毯无异了。

对于坐褥，古时也大分等级，此制在清代为尤甚，如《清史稿·舆服志》云：

> 凡坐褥，亲王冬用貂夏用龙文赤缯，世子郡王冬用猞猁狲缘貂夏用蟒文青缯，贝勒冬用猞猁狲夏青缯施采，贝子冬用白豹夏采缯缘青缯，均藉红白毡。镇国公冬用全赤豹皮夏青花赤缯，辅国公冬用方赤豹皮夏赤花皂缯，均藉红毡。镇国将军视一品，辅国将军视二品，奉国将军视三品，奉恩将军视四品。民公冬用全虎皮夏皂缯，侯伯冬均用方虎皮，夏侯用缘花皂缯，伯用青云缯，均藉红毡。子男各从其品。固伦公主额驸视贝子，和硕公主额驸视镇国公，郡主额驸冬用獾夏皂褐缘红褐，均藉红毡。郡君额驸视三品，县君额驸视四品，乡君额驸视五品。文武官一品冬用狼夏红褐，二品冬用獾夏红褐缘皂褐，三品冬用貉夏皂褐缘红褐，四品冬用青山羊夏皂布，均藉红毡。五品冬用青羊夏青布，六品冬用黑羊夏棕色布，七品冬用鹿夏灰色布，八品冬用麅夏土布，九品冬用獭夏与八品同，均藉白毡。

其规定严格如此。到了现在，则坐貂制缯，富家多如此了。

一七 衣料

Fabrics

衣料

我国古时以丝织物为最多，其名称有锦绣绫罗素绢等。棉织物则较为后起，今统称为棉布，我国上古所谓布者，实乃麻枲所织成。

衣料可分为三种：一为丝织物，二为棉织物，三为毛织物，此殆古今同例。惟我国古时以丝织物为最多，其名称有锦绣绫罗素绢等。棉织物则较为后起，今统称为棉布，我国上古所谓布者，实乃麻枲所织成。毛织物则较稀有，至近年方才盛行起来了。

锦，汉刘熙《释名》云：“锦，金也，作之用功重，其价如金，故字从金帛。”盖锦以杂色织文而成，故用功甚重。古时视为贵物，故项羽有“富贵不归故乡，如衣锦夜行”。古时锦的名称很多，如晋陆翙《邺中记》云：

> 锦有大登高，小登高，大明光，小明光，大博山，小博山，大茱萸，小茱萸，大交龙，小交龙，蒲桃文锦，斑文锦，凤皇朱雀锦，韬文锦，核桃文锦。或青绨，或白绨，或黄绨，或绿绨，或紫绨，或蜀绨，工巧百数，不可尽名也。

其所谓绨者，即锦以绨为底，上加织文而成，故绨色亦有多种。其实锦的名目，还有很多，历代均有，花样实愈出愈多。汉时以陈留所出为最著名。魏晋则以蜀锦负名，出于成都，故成都有锦官城之称。今妇人所著的织锦缎，实即古所谓锦也。

绣即以针刺成五彩之色，《考工记》所谓："五采备谓之绣。"今于绸缎之上加以刺绣，亦谓之绣。上海顾氏的刺绣，在昔很负盛名。据姜绍书《无声诗史》云："上海顾会海之妾，刺绣人物，气韵生动，字亦有法。"则顾绣实创于顾会海之妾。古虽与锦并重，常连称锦绣，然绣尤重于锦，如《后汉书·舆服志》云："制冕服垂舆刺绣文，公卿以下织成文。"织成文即指锦。盖锦绣虽均备五采，但锦系织成，而绣乃刺成，故更可贵。汉王充《论衡》所谓："绣之未刺，锦之未织，恒丝庸帛何以异哉？"

绫，《释名》以为："其文望之似冰凌之理也。"然其后绫亦有各种花样，不限似冰凌一类。如《唐六典》云：

"仙滑二州出方纹绫，豫州出鸂鶒绫、双丝绫，兖州出镜花绫，青州出仙文绫。"所谓方纹镜花，即示文理为方似花了。按：今绫的花样亦不一，大多用作装裱字画册页，制衣已很少了。古则百官多服绫，与罗并称为美好的丝织物。

罗本为网之类，用以络鸟，后以丝织成薄而有疏孔如罗的，也称为罗，《释名》所谓："罗，文疏罗也。"通当有花与无花两种，无花也称素罗。古以为百官之服，惟以花纹大小为分别。又多作为袜帏之用，故诗人歌咏，辄多罗袜罗帏之语。

绮，在现在已无此种丝织物名称，其实也与绫相仿，不过花纹不同而已。《释名》以为："绮，踦也，其文欹斜，不顺经纬之纵横也。"按：《汉书·高祖纪》云："贾人毋得衣锦绣绮縠。"据师古注："绮今之细绫。"可知古亦视为贵物，商人不得著用的。此名称自宋以后已不闻，大约都称为绫了。

縠即现在所谓纱，《玉篇》所谓："縠，纱也。"《汉书·江充传》云:“充衣纱縠单衣。”按:师古注:“纱縠纺丝而织之也,轻者为纱,绉者为縠。”今则通称为纱,无縠的名称了。

以上诸织物,皆有花纹或加以彩色,其纯白无花纹的,则为素为绢,素较为精,绢较为粗,《释名》所谓:“素,朴素也,已织则供用,不复加巧饰也。绢,絚也,其丝絚厚而疏也。”今则绢犹其称,素则多称为纺。按:纺本为纺绩之义,《说文》所谓“网丝也”,《广韵》所谓“纺绩也”。今称纺之薄者犹云素绸,可知即古所谓素。

这许多丝织物,在古总称为帛,汉时又称为缯,故《说文》缯与帛互训,所以称绫为“布帛之细”,称绮为“文缯”,称素为“白緻缯”,称绢为“缯如麦稍”。至今则总称为绸缎。按:绸本作绸缪解,即缠绵之意,不作丝织物名称。惟《说文》则有紬,音与绸同,云“大丝缯也”,则亦为缯之一,可知作绸者非。缎,《说文》无其字。按:唐染织署详述各种织物,独无缎名,惟彭汉二州有贡段,是缎本作段,以其为丝织物,故别加糸旁罢!实则今所谓缎,盖即古之绮绫之类,皆有花纹。名称虽异,实为一物。今则绸缎之名亦渐为过去,新出的丝织物,或称绉,或称葛,甚至也有称呢的了。

布与帛古时往往对称,盖帛为丝织物总称,布为麻葛等织物总称,今则多称为棉所织。按:棉之传入我国,约在唐时,故棉布当始于唐。在唐以前虽也有棉布,大抵为外国所贡,中土实未曾有。所以如《说文》云:"布,枲织也。"枲即麻属。又《小尔雅》云:"麻纻葛曰布。"均未有提及棉的。其中以葛为布,又有粗细之分,《说文》所谓:"絺,细葛也;绤,粗葛也;绉,絺之细者也。"此种葛布均作为夏衣,即今所谓夏布,所以《礼记·月令》有:"孟夏之月,天子始絺。"至秋乃不服,所以潘岳《秋兴赋》有"乃屏轻箑,释纤絺"之语。至冬天所著的绵衣,古时因无棉花,其衬里所用为丝绵,新的亦称为纩。故《左传》有"挟纩"之语,纩即新绵也。

衣料

布与帛古时往往对称，盖帛为丝织物总称，布为麻葛等织物总称，今则多称为棉所织。

至于以兽毛织成的衣料，古亦多称为布，如托名东方朔的《神异经》(《古今事文类聚》引)云：

南方有火山，长四十里，生不烬之木，昼夜火燃，得暴风不炽，猛雨不灭。火中有鼠，重百觔，毛长二尺余，细如丝，恒在火中，不出外而色白，以水逐沃之，即死，取其毛织以作布。用之若垢污，以火烧之，即清洁也。

此即所谓火浣布，六朝人笔记中载之颇多。由此可知以鼠毛所织，亦谓之布。但此鼠名为火鼠，未必生于火中的。惟入火不焚，则确系事实，《魏志》有云："青龙三年，西域重译献火浣布，诏大将军太尉临试，以示百僚。"可知当时确曾实验过的。又《魏略》云："大秦国出细布，有织成细布，言用水羊毳，名曰海西布。"大秦即古罗马，是用水羊毛织成，亦称为布。盖中国古无呢绒之称，除丝外，率称为布。按：呢本呢喃，乃小声多言之意。惟宋黄庭坚诗有"寒赠紫驼尼"，此尼恐为今呢之由来。绒字《玉篇》只作细布解，亦非指毛织物的。

不过以毛织物，古时亦并非没有，即所谓毡毯的毡。《释名》所谓："毡旃也，毛相著旃旃然也。"《拾遗记》云："汉武以毡绨藉地，恶辙之喧也。"用以铺地，正与今同。又称氍毹，细者又称毾㲪，则施于床前榻下。又《汉书·高祖纪》云："贾人毋得衣锦绣绮縠絺纻罽。"据师古注云："罽，织毛，若今毼及氍毹之类也。"则罽实如今之呢绒，汉时也有著用的。

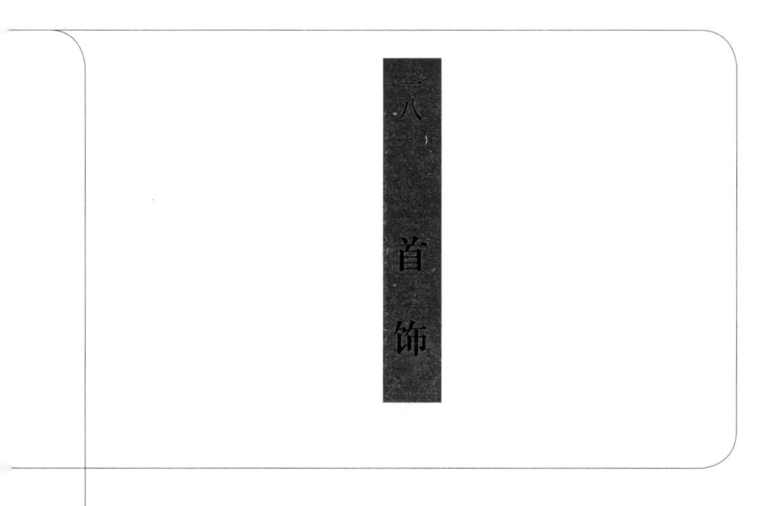

首饰

Ornaments

今称妇人金玉珠宝的饰物为首饰，并不限于头上所戴。按：古所谓首饰，皆指头上所饰之物，故连冠冕也在内的。如《后汉书·舆服志》云："后世圣人，见鸟兽有冠角頿胡，遂作冠冕缨蕤，以为首饰。"又汉刘熙《释名》云："皇后首饰曰副，副覆也。亦言副贰，兼用众物成其饰，上有垂珠，步则摇也。"是首饰指头上所饰众物，如今的头面，也仅以首为限。兹以现今所谓首饰，统述于此。举凡发上的簪钗、耳上的珥珰、臂上的钏镯、指上的指环，皆在其内。

古男女皆蓄发，故必用簪以系冠连发。簪亦称笄，《释名》所谓："簪，连也，所以簪冠于发也。"又云："笄，系也，所以系冠使不坠也。"据《仪礼·士昏礼》疏云：

凡笄有二种：一是安发之笄，男子妇人俱有；一是为冠笄，皮弁爵弁笄，惟男子有而妇人无也。又大夫士与妻用象，天子诸侯之后夫人用玉为笄。

又《礼记·内则》有“女子十有五年而笄”，故称女子成年为及笄。此种笄簪大抵以竹所为，故字从竹，后世则渐事增华，用金用玉了。今男女皆不蓄发，簪的功用遂失。至于钗，实亦簪类，惟作歧形，即今所谓轧钗。古本作叉，后乃加以金旁。古时贫者用荆所作，汉梁鸿妻孟光荆钗布裙，千古传为美谈。自然还有很讲究的，如唐苏鹗《杜阳杂编》云：“大历中，日林国贡龙角钗二，类玉而绀色，上刻蛟龙之形。”又：“咸通中，同昌公主有九玉钗，刻九鸾皆五色，其巧妙非人工所制。”

珥珰即今所谓耳环，或称珥，或称珰。《说文》云：“珥，瑱也；瑱，以玉充耳也。”又：“珰，华饰也。”《广韵》以珰为“耳珠”，《集韵》为“充耳”，《韵会》则“珥一名耳珰”，可知二者同为耳的饰物。古者男女皆饰，《诗》云：“有斐君子，充耳琇莹。”此君子自指男子。但至后世，即专为女人所饰，惟蛮族仍有饰之者，而蒙古人亦多如此，所以《元史·耶律希亮传》有云：

阿鲁忽以耳环遗耶律希亮，珠大如榛实，价值千金，欲穿其耳使带之。希亮辞曰：『不敢因是以伤父母之遗体也。』

可知戴者实繁有徒，耶律希亮只是已和中国人同化而已。

今所谓镯实即古之所谓钏。《说文》：“钏，臂环也。”镯字则解作钲，《周礼·地官》封人“以金镯节鼓”，注：“镯，钲也，形如小钟，军行鸣之，以为鼓节。”不知何时改称为镯。按：钏古时男女亦均同饰，后世始专属于女人。又称为条脱。《卢氏新记》云：“唐文宗一日谓宰臣曰，古诗轻衫衬条脱，条脱是何物？宰臣未对，上曰，即今之腕钏。”

指环今亦称为戒指。按:《诗·毛传》云:

后妃群妾以礼御于君所,女史书其日月,授之环以进退之。生子月辰以金环退之,当御者以银环进之,著于左手,既御著于右手。

又《五经要义》以为:“进者著右手,退者著左手,本三代之制,即今之戒指也。”是戒指之义颇深。惟云进著右,退著左,与毛传不同,恐《要义》有误。盖进者著银环,退者著金环,彼此已很分明。而进者有已御或未御者,已御则著右手,未御则著左手,于此又加分别,似以毛传所云为是。又指环古亦为定情之物,如《南史·后妃传下·梁武帝丁贵嫔》云:

武帝镇樊城,尝登楼以望,见汉滨五采如龙,下有女子擘絖,则贵嫔也。又丁氏因人以相者言闻之于帝,帝赠以金环纳之,时年十四。

此赠以金环，颇如今之订婚戒指。又唐冯贽《云溪友议》云：

韦皋游江夏，与一青衣玉箫有情，约七年再会，留玉指环。逾八年不至，玉箫绝食而殁。后得一歌姬，真如玉箫，中指有肉隐出如玉环。

此亦于定情时赠以指环，且女的戴于中指，更与今日订婚戒指同。而今人多以为此乃仿欧美的风俗，实不知我国古时早有这种情形的。又此种指环，古惟女子所戴，今则男女皆著于手，与上数种首饰刚巧相反。古今风俗的转移，往往有如此不可思议的。

一九 脂粉

Rouge and Powder

真善美

脂粉为妇人化妆品的总称，至今应用甚多，难以枚举。按：古代有脂有泽，有粉有黛，又有胭脂等等。《韩非子》所谓："故善毛嫱西施之美丽，无益吾面，用脂泽粉黛则倍其初。"可知这几种化妆品在古代就有了的。

脂本为动物的油膏，古有唇脂面脂之分。唇脂据汉刘熙《释名》云："唇脂以丹，作象唇赤也。"则正如今的口红，用以涂唇。又《唐书·百官志》云："中尚署腊日献口脂面脂头膏及衣香囊，赐北门学士口脂，盛以碧缕牙筒。"此口脂当亦为唇脂，大约用于寒天，故规定中尚署于腊日献之。但北门学士是文官，居然也涂口脂，这或者与面脂相仿，如今的雪花膏，用以防寒的，当与妇人所用丹的唇脂不同，否则男子涂了，未免有些不伦不类的。至于面脂当然是涂面的。晋郭义恭《广志》以为"魏兴以来始有之"恐指男子所涂的而言，如《唐书》所谓面脂头膏，亦为防寒而用。现在的雪花膏，正是此种面脂。宋时有一种玉龙膏，如龚元英《文昌杂录》所云："礼部王员外言，今谓面油玉龙膏，太宗皇帝始合此药，以白玉碾龙合子贮之，因以名焉。”当亦是面脂之类。此种面脂，男女皆用，目的在防寒冻，而不求其美。至于专为女人所用的面脂，实在汉时已有了，蔡邕《女诫》所谓“傅脂则思其心之和”，此脂当指面脂，故可云傅。

泽实油类，但不凝结如脂。《释名》所谓：“香泽，人发恒枯瘁，以此濡泽之也。”则香泽正如今之生发油，男女皆可用的。汉崔实《四民月令》有合香泽法，可知汉时用得已很广。至于香油，历代名目甚多，这里也不缕举了。

粉本为米粉，后则以傅面的也称粉。《韵会》云：“古傅面亦用米粉，又染之为红粉，后乃烧为铅粉。”是最初傅面的粉，实即米粉。《释名》所谓：“粉，分也，研米使分散也。赪粉者赤也，染粉使赤以著颊也。”是汉时固属如此，除白粉外，又有红粉，用以著颊，正与脸脂相类。其用铅烧粉，则别称胡粉。《释名》云：“胡粉，胡糊也，脂和以涂面也。”则以胡为糊浆，且不言为铅，惟晋张华《博物志》正云：“烧铅成胡粉。”是铅粉即为胡粉了。所

以晋葛洪《抱朴子》有云:“愚人不信黄丹及胡粉是化铅所作。”又据五代马缟《中华古今注》云:

> 自三代以铅为粉。秦穆公女弄玉有容,德感仙人,萧史为烧水银作粉与涂,亦名飞雪丹。

是以铅粉始于三代,其说不知确否?飞雪丹今已无闻,不知真有其物否?

傅粉在古时实不限于女子，男子也有傅之的。《汉书》有“惠帝侍中皆傅脂粉”之说。最著名的为魏时的何晏，《三国志》说他“粉白不去手，行步顾影”。但《语林》却辨其诬，说：“何晏平叔美姿仪，面纯白，魏文帝疑其傅粉。后夏月以汤饼食之，汗出，以朱衣拭面，色转皎然。”则似谓本来面白，并非傅粉而然的。此外曹植据说也傅粉的，如《魏略》云：

邯郸淳诣临淄侯植。时大暑，植取水浴，以粉自傅，科头胡舞击剑诵小说，顾谓淳曰：『邯生何如也？』

但这或偶然为之，且下有胡舞击剑诵小说之语，似为戏粉性质，正如后世所谓粉墨登场之意。至如《旧唐书·张易之传》："易之兄弟俱侍宫中，皆傅粉施朱，衣锦绣服，俱承辟阳之宠。"则直是人妖，男子故作妇人态了。

粉白黛黑，黛是黑色的化妆品，用之于眉。但黛字原本作画眉解，《释名》所谓："黛，代也，灭去眉毛，以此画代其处也。"画眉之风，古时殊盛，后汉张敞画眉，至今犹传为夫妇间韵事。然绘图者往往以笔画眉，殊非，盖黛虽画眉，而画眉的物亦即为黛。《宋起居注》云："河西王沮渠蒙逊献青雀头黛百斤。"《烟花记》云："炀帝宫中争画长蛾眉，司官吏日给螺子黛五斛，号蛾子绿。"又陈徐陵《玉台新咏序》云："南都石黛，最发双蛾；北地燕支，偏开两靥。"是黛种类颇多，皆可画眉，决不是用墨笔的。今画眉之风犹盛，正与古同，但所用已非黛了。此种画眉，在古时亦称为拂为扫，如《汉书》有"明帝宫人拂青黛蛾眉"，宋晏殊词有"垂螺拂黛清歌

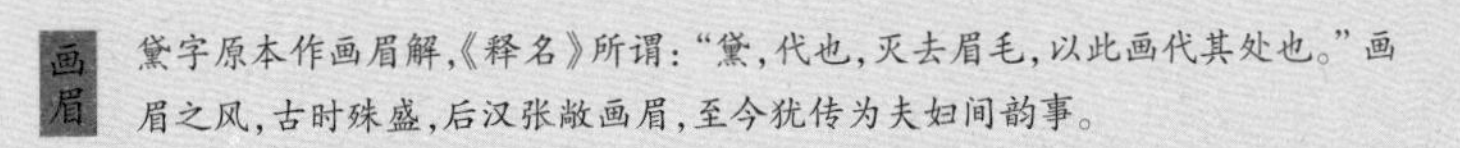

画眉 黛字原本作画眉解,《释名》所谓:“黛,代也,灭去眉毛,以此画代其处也。”画眉之风,古时殊盛,后汉张敞画眉,至今犹传为夫妇间韵事。

女”，唐杜甫诗有“淡扫蛾眉朝至尊”，更可知非用笔画明甚。至其所画形状，大约以细薄为主，如《飞燕外传》有“赵合德为薄眉号远山黛”，唐吴融诗“柳眉梅额倩妆新”，言远山言柳，皆可知是细长得很的。

妇人妆饰，除粉白黛黑以外，古人尤重红妆，《木兰辞》所谓“当户理红妆”，李白诗所谓“红妆二八年”，元稹诗所谓“红妆少妇敛啼眉”，可见红妆的盛行。此红妆的化妆品实为燕支，今亦作臙脂、胭脂。据《妆台记》云：

美人妆，面既敷粉，复以燕支调匀掌中，施之两颊，浓者为酒晕妆，浅者为桃花妆；薄薄施朱，以粉罩之，为飞霞妆。

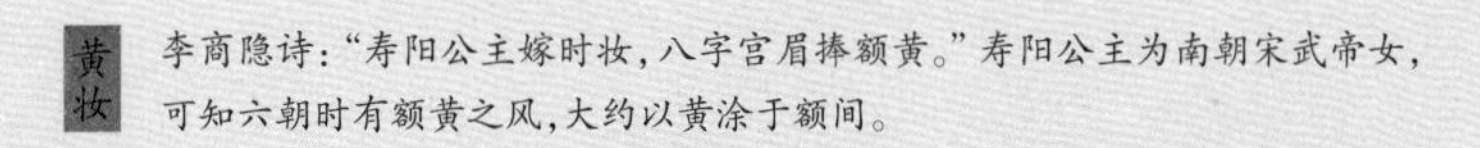

黄妆 李商隐诗："寿阳公主嫁时妆，八字宫眉捧额黄。"寿阳公主为南朝宋武帝女，可知六朝时有额黄之风，大约以黄涂于额间。

是红妆可分酒晕、桃花、飞霞三种。按:燕支本系草名,晋崔豹《古今注》云:“燕支叶似蓟,花似菖蒲,出西方,土人以染,名为燕支。中国人谓红蓝以染粉,为妇人面色,谓为燕支粉也。”是燕支本出西方,中国人则以红蓝为燕支,盖两种颜色相同,均可作为面色。又据《二仪录》云:“燕脂起自纣,以红蓝花汁凝作脂,以为桃花妆。盖燕国所出,故曰燕脂。”是又以燕脂出于燕国,故名从燕。今所谓胭脂,即用红蓝花做成,也有用苏木的,皆为女人涂颊之用。此风不但中国如此,古时匈奴更甚,且名其后为阏氏,据说阏氏就是燕支,言可爱如燕支云。

古时除红妆之外,尚有黄妆,是用黄涂额的。如梁简文帝诗有:“同安鬟里拨,异作额间黄。”李商隐诗:“寿阳公主嫁时妆,八字宫眉捧额黄。”寿阳公主为南朝宋武帝女,可知六朝时有额黄之风,大约以黄涂于额间。又张仲宗词“蝶粉蜂黄都褪却”,注:“蝶粉蜂黄,唐人宫妆。”则唐时还有此风的。至如《北史》云:“周宣帝禁妇人不得施粉黛，自非宫人，皆黄眉墨妆。”是又用黄涂眉，用墨化妆了。但不知此墨如何化妆耳，岂真以墨涂面吗？

此外现今还有一种点痣，古则称之为的。《释名》云：

> 以丹注面曰的，的，灼也。此本天子诸侯群妾，当以次进御，其有月事者止不御，重以口说，故注此于面，灼然为识。女史见之，则不书其名于第录也。

是原为月事而饰，其色丹。据晋傅玄《镜赋》云：“点双的以发姿。”又繁钦《弭愁赋》云：“点圜的之荧荧，映双辅而相望。”则为左右两点，但在其时，恐已非为月事而为妆饰了。

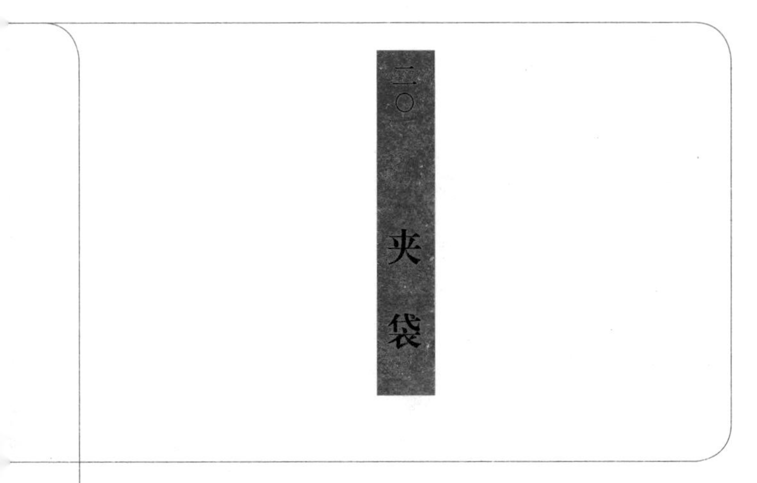

二〇 夹袋

Clip Bags

今人衣服中皆有袋，以藏手帕等杂物。此外有皮夹以藏钱币，有皮包以藏文件。新式妇女，更有一种手提夹，出行时携于手上，其用途亦为藏零碎杂物。初时颇小，今则甚大，且花样不一。此风传自外洋，古所未闻。不过我国古时，原有佩物的事，如《礼记·内则》云：

> 子事父母，左右佩用：左佩纷帨、刀、砺、小觿、金燧，右佩玦、捍、管、遰、大觿、木燧。妇事舅姑如事父母，左佩纷帨、刀、砺、小觿、金燧，右佩箴、管、线、纩，施縏袠，大觿，木燧，衿缨，以适父母舅姑之所。男女未冠笄者皆佩容臭。

据注疏所云，所佩的物，都是备尊者使令之用。“纷”以拭器，“帨”以拭手，都是巾类。“刀”是小刀，“砺”是砺石，用以磨刀割物。“觿”为锥形，象骨所为，用以解结。“金燧”用以取火于日中。“玦”“捍”两者都是用于射的。“管”是笔弧，“遰”是刀室。“木燧”是钻火器，晴用金燧，阴用木燧。“箴”就是后来的针。“縏”“袠”都是囊，就用以贮箴管线纩的。衿是结，“缨”是香囊，“容臭”是香物，就放在缨里的。这因为古时衣中没有夹袋，所以所用的物，都须佩带在外，当然有的也须用袋把它藏了起来。按：宋杨亿《说苑》有云：

三代以韦为筭袋，盛筭子及小刀磨石等。魏易为龟袋。唐永徽中，并给随身鱼，天后改鱼为龟。唐初卿大夫没，追取鱼袋。永徽中敕生平在官用为褒饰，没则收之，情意不忍；五品以上薨，鱼更不追取。

这所谓筭袋，也正是藏杂物的。惟称龟称鱼，乃因所赐的物而得名。据宋马永卿《懒真子》云："今之鱼袋，乃古之鱼符也。必以鱼者，盖分左右可以合符。而唐人用袋盛此鱼，今人乃以鱼为袋之饰，非古制也。"是鱼袋只为装饰之用，与普通的袋不同。

附录 历代服制辑略

Appendix: Dress Codes

本篇所辑历代服制，均根据诸史《舆服志》或《礼仪志》所载，间录前人著述。惟诸志所载服制，多详于王者之服，而于庶人服制，殊为简略。良以古者所尊者惟帝王，庶人则无关重要，故仅有禁服之律令，而甚少制度之规定。时至今日，帝王服制，已无关重要，而历代平民服制，反足供吾人参证现今服制之由来，故本篇采辑，务详于平民服制，而于帝王及百官服制，仅略及之，以示历代各色人等服制之大略。读者欲求其详，则诸志具在，尽可参考，固无待于本篇之全录也。惟本篇所辑，时间极为匆促，谬误之处，还希读者正之，不胜感幸！

一　上古

太昊伏羲氏始制布帛，以给衣服。

伏羲氏化蚕桑为穗帛，因罔罟以制都布，给其衣服。

（宋罗泌《路史》）

黄帝有熊氏始制冕服，以别贵贱之等。

黄帝尧舜垂衣裳而天下治，盖取诸乾坤。注："垂衣裳以辨贵贱，乾尊坤卑之义也。"（《易·系辞》）

帝作冕垂旒，充纩为玄衣黄裳，以象天地之正色。旁观翚翟草木之华，乃染五色为文章，以表贵贱。于是兖冕衣裳之制兴。（《通鉴外纪》）

帝舜始定十二章服之制。

帝曰："臣作朕股肱耳目，予欲左右有民，汝翼；予欲宣力四方，汝为；予欲观古人之象，日月星辰，山龙华虫，作会宗彝，藻火粉米，黼黻絺绣，以五采彰，施于五色作服，汝明。"蔡注："日月星辰，取其照临也，山取其镇也，龙取其变也，华虫雉取其文也，会绘也，宗彝虎蜼取其孝也，藻水草取其洁也，火取其明也，粉米白米取其养也，黼若斧形取其断也，黻为两己相背取其辨也，絺紩也，紩以为绣也。日也，月也，星辰也，山也，龙也，华虫也。六者绘之于衣；宗彝也，藻也，火也，粉米也，黼也，黻也，六者绣之于裳；

所谓十二章也。衣之六章，其序自上而下，裳之六章，其序自下而上。采者青黄赤白黑也。色者，言施之于缯帛也。绘于衣，绣于裳，皆杂施五采以为五色也。汝明者，汝当明其小大尊卑之差等也。”(《尚书》)

二 周

周定服制，自天子以至卿士，各有等差。

王之吉服，祀昊天上帝则服大裘而冕，祀五帝亦如之，飨先王则衮冕，飨先公飨射则鷩冕，祀四望山川则毳冕，祭社稷五祀则希冕，祭群小则玄冕。凡兵事韦弁服，眡朝则皮弁服，凡甸冠弁服，凡凶事服弁服，凡吊事弁绖服。凡丧，为天王斩衰，为王后齐衰，王为三公六卿锡衰，为诸侯缌衰，为大夫士疑衰，其首服皆弁绖。大札，大荒，大烖，素服。公之服，自衮冕而下，如王之服。侯伯之服，自鷩冕而下，如公之服。子男之服，自毳冕而下，如侯伯之服。孤之服，自希冕而下，如子男之服。卿大夫之服，自玄冕而下，如孤之服，其凶服加以大功小功。士之服，自皮弁而下，如大夫之服，其凶服亦如之，其齐服有玄端素端。(《周礼·春官》)

三　汉

汉初多承秦旧，其服制无所考。

西汉服章之制，于史无所考见。班固《叙传》言："汉初定，与民无禁。"师古注谓："汉不设车旗衣服之禁，今观贾谊所言可见。"然魏相奏谓"高皇帝书，有天子所服第八"，则服制未尝无其书。相所奏既不详备，而史记无传焉。(《文献通考》)

秦以战国即天子位，灭去礼学，郊祀之服，皆以袀玄。汉承秦故。至世祖践祚，都于土中，始修三雍，正兆七郊。显宗遂就大业，初服旒冕衣裳文章赤舄絇屦，以祠天地，养三老五更于三雍，于时致治平矣。(《后汉书·舆服志》)

明帝永平二年，始定冠服之制。

孝明皇帝永平二年，初谓有司采《周官》《礼记》《尚书·皋陶篇》，乘舆服从欧阳氏说，公卿以下从大小夏侯氏说。冕皆广七寸，长尺二寸，前圆后方，朱绿里玄上，前垂四寸，后垂三寸，系白玉珠为十二旒，以其绶采色为组缨。

三公诸侯七旒，青玉为珠。卿大夫五旒，黑玉为珠。皆有前无后，各以其绶采色为组缨，旁垂黈纩。郊天地宗祀明堂则冠之。衣裳玉佩备章采，乘舆刺史公侯九卿以下皆织成，陈留襄邑献之云。(《后汉书·舆服志》)

服衣深衣制。有袍随五时色。袍者，或曰周公抱成王宴居，故施袍。《礼记》："孔子衣缝掖之衣。"缝掖，其袖合而缝大之，近今袍者也。今下至贱吏小史，皆通制。袍单衣皂缘领袖中衣为朝服云。(同前)

进贤冠，古缁布冠也，文儒者之服也。前高七寸，后高三寸，长八寸。公侯三梁，中二千石以下至博士两梁，自博士以下至小史私学弟子皆一梁。宗室刘氏亦两梁冠，示加服也。武冠一曰武弁大冠，诸武官冠之。侍中中常侍加黄金珰，附蝉为文，貂尾为饰，谓之赵惠文冠。(同前)

汉官吏著皂，其给使贱役著白。按：谷永曰："擢之皂衣之吏。"张敞曰："敞备皂衣二十余年。"注云："虽有四时服，至朝皆著皂衣。"《两龚传》曰："闻之白衣，戒君勿言。"注："白衣给使官府趋走贱人，若今诸司亭长掌内之属，晋陶渊明谓白衣送酒是也。"又观《战国策》左师公谓"臣有贱息，愿令补黑衣之数，以卫王宫"，知官吏著皂旧矣。(宋王楙《野客丛书》)

叔孙通留事项王。汉二年，汉王从五诸侯入彭城，通降汉王。通儒服，王憎之，乃变其服，服短衣楚制。(《汉

书·叔孙通传》)

朱博为琅邪太守,敕功曹官属多褒衣大袑(裤裆),不中节度,自今掾史衣皆令去地三寸。(《汉书·朱博传》)

献帝建安中,男子之衣好为长躬而下甚短,女子好为长裙而上甚短,时益州从事莫嗣以为服妖,是阳无下而阴无上也,天下未欲平也。(《后汉书·五行志》)

其他衣冠名称尤多,其详见《方言》《释名》诸书。

“禅衣”江淮、南楚之间谓之褋,关之东西谓之禅衣。有裦者赵魏之间谓之袏衣,无裦者谓之裎衣,古谓之深衣。“襜褕”江淮南楚谓之裺裗,自关而西谓之襜褕,其短者谓之短褕。以布而无缘敝而紩之谓之褴褛,自关而西谓之裗裾,其敝者谓之緻。“汗襦”江淮、南楚之间谓之褶,自关而西或谓之袛裯,自关而东谓之甲襦,陈魏宋楚之间谓之襜襦,或谓之禅襦。“蔽膝”江淮之间谓之袆,或谓之袚,魏宋南楚之间谓之大巾,自关东西谓之蔽膝,齐鲁之郊谓之袡。(扬雄《方言》)

凡服上曰“衣”,衣,依也,人所依以芘寒暑也。下曰“裳”,裳障也,所以自障蔽也。“领”颈也,以壅颈也。亦言揔领衣体为端首也。“襟”禁也,交于前,所以禁御风寒也。“袂”掣也,掣开也,开张之以受臂屈伸也。“袪”虚也,

衣冠服饰

“袖”由也，手所由出入也，亦言受也，以受手也。“衿”亦禁也，禁使不得解散也。“带”蒂也，著于衣如物之系蒂也。“系”繫也，相连系也。“衽”襜也，在旁襜襜然也。“裾”倨也，倨倨然直，亦言在后常见踞也。“玄端”其袖下正直端方与要接也。“素积”素裳也，辟积其要中使踧，因以名之也。“韠”蔽也，所以蔽膝前也，妇人蔽膝亦如之。齐人谓之巨巾，田家妇女出自田野，以覆其头，故因以为名也。又曰跪襜，跪时襜襜然张也。“襦”㬉也，言温㬉也。“褶”袭也，覆上之言也。“禅”衣，言无里也。“襦”属也，衣裳上下相连属也。荆州谓禅衣曰布襦，亦曰襜襦，言其襜襜宏裕也。“褠”禅衣之无胡者也，言袖夹直形如沟也。“中衣”言在小衣之外，大衣之中也。“裲裆”其一当胸其一当背也。“帕腹”横帕其腹也。“抱腹”上下有带，抱里其腹、上无裆者也。“膺”心衣抱腹而施钩肩，钩肩之间施一裆以奄心也。有里曰“複”，无里曰“单”。“反闭”襦之小者也，却向著之，领反于背后闭其襟也。妇人上服曰“袿”，其下垂者上广下狭如刀圭也。“襈”缘也，青绛为之缘也。“缘襦”襦施缘也。“帔”披也，披之肩背不及下也。“直领”邪直而交，下亦如丈夫服袍方也。“交领”就形名之也。“曲领”在内以中禁领上，横壅颈其状曲也。“单襦”如襦而无絮也。“要襦”形如襦，其要上翘下齐要也。“半袖”其袂半襦而施袖也。“留幕”冀州所名，大褶下至膝者也。留，牢也；

幕，络也，言牢络在衣表也。“被”被也，被覆人也。“衾”广也，其下广大如广受人也。“汗衣”近身受汗垢之衣也，《诗》谓之泽，受汗泽也，或曰鄙袒，或曰羞袒，作之用六尺裁足覆胸背，言羞鄙於袒而衣此耳。“裈”贯也，贯两脚上系腰中也。“逼”所以自逼束，今谓之行縢，言以裹脚可以跳腾轻便也。“袴”跨也，两服各跨别也。“袜”末也，在脚末也。“履”礼也，饰足以为礼也。複其下曰“舄”，舄，腊也，行礼久立，地或泥湿，故複其末下，使干腊也。“屦”拘也，所以拘足也，齐人谓韦屦曰“扉”，扉，皮也，以皮作之。“不借”言贱易有宜，各自蓄之，不假借人也。齐人云“搏腊”，搏腊犹把作粗貌也。荆州人曰“粗麻”“韦草”，皆同名也，粗，措也，言所以安措足也。“屩”跻也，出行著之，跻跻轻便，因以为名也。“鞋”解也，著时缩其上如履然，解其上则舒解也。“屐”搘也，为两足搘以践泥也。“帛屐”以帛作之如屩者，不曰帛屩者，屩不可践泥者也，此亦可以步泥而浣之，故曰屐也。“靴”跨也，两足各以一跨骑也。“鞾韡”靴之缺前壅者，鞾韡犹速独，足直前之言也。“晚下”如舄，其下晚晚而危，妇人短者著之可以拜也。“鞁”韦履深头者之名也，鞁，袭也，以其深袭覆足也。“仰角”屐上施履之名也，行不得蹶，当仰履角，举足乃行也。（刘熙《释名》）

古者庶人耋至而后衣丝，其余则麻枲而已，故命曰布衣。及其后，则丝里枲表，直领无祎，袍合不缘。夫罗纨文绣者，人君后妃之服也，茧紬缣练者，婚姻之嘉饰也，是以文缯薄织，不粥于市。今富者缛绣罗纨，中者素绨锦冰，常民而被后妃之服，亵人而居婚姻之饰，夫纨素之贾倍缣，缣之用倍纨也。（桓宽《盐铁论》）

四　魏晋

魏晋服制，多因汉法，略有损益。

魏氏多因汉法，其所损益之制无闻。（《文献通考》）

魏明帝以公卿衮衣黼黻之饰，疑于至尊，多所减损。始制天子服刺绣文，公卿服织成文。及晋受命，遵而无改。（《晋书·舆服志》）

后汉以来，天子之冕前后旒，用真白玉珠。魏明帝好妇人之饰，改以珊瑚珠，晋初仍旧不改。及过江，服章多阙，而冕饰以翡翠珊瑚杂珠。（同前）

汉制一岁五郊，天子与执事者所服各如方色；百官不执事者服常服绛衣以从。魏秘书监秦静曰：汉氏承秦改六冕之制，但玄冠绛衣而已。魏已来名为五时朝服，又有四时朝服，又有朝服，自皇太子以下，随官受给。百官虽服五时朝服，据今止给四时朝服，阙秋服，三年一易。（同前）

五　南北朝

南朝服制,大抵仍魏晋之旧,亦略有新定者。

诸织成衣帽、锦帐、纯金银器、云母从广一寸以上物者,皆为禁物。诸在官品令第二品以上,其非禁物皆得服之。第三品以下加不得服三钿以上蔽结、爵叉、假真珠翡翠校饰缨佩、杂采衣、杯文绮、齐绣黼、镝离、袿袍。第六品以下加不得服金钿、绫、锦绣、七缘绮、貂豽裘、金叉环珥及以金校饰器物、张绛帐。第八品以下加不得服罗纨绮縠,杂色真文。骑士卒百工人加不得服大绛紫襈,假结真珠珰珥犀瑇瑁越叠,以银饰器物,张帐乘犊车,履色无过绿青白。奴婢衣食客加不得服白帻、蒨、绛、金黄银叉、环、铃、镝、珥,履色无过纯青。(《宋书·礼志》)

衮衣汉世出陈留襄邑所织,宋末用绣及织成。建武中,明帝以织成重,乃采画为之,加饰金银薄,世亦谓为天衣。(《南齐书·舆服志》)

梁天监三年,何佟之议:"公卿以下祭服,里有中衣,即今之中单也。案:《后汉书·舆服志》,祭服绛缘领袖为中衣

绛袴袜，示其赤心奉神。今中衣绛缘，足有所明，无俟于袴。既非圣法，谓不可施。”遂依议除之。(《隋书·礼仪志》)

北朝魏亦沿前代之旧，至齐周稍改前制。

自晋左迁，中原礼仪多阙。后魏天兴六年，设有司始制冠冕，各依品秩，以示等差，然未能得旧制。至太和中，方考故实，正定前谬，更造衣冠，尚不能周洽。及至熙平二年，太傅清河王怿，黄门侍郎韦廷祥等奏定五时朝服，准汉故事。五郊衣帻，各如方色焉。及后齐因之，河清中改易旧物，著令定制云。(《隋书·礼仪志》)

百官朝服公服皆执手板。尚书录令仆射吏部尚书手板头复有白笔，以紫皮裹之，名曰笏。朝服缀紫荷，录令左仆射左荷，右仆射吏部尚书右荷。七品已上文官朝服皆簪白笔，王公侯伯子男卿尹及武职并不簪。朝服冠帻各一、绛纱单衣、白纱中单、皂领袖、皂襈、革带曲领方心，蔽膝、白笔、舄袜、两绶、剑佩、簪导、钩艓为具服，七品已上服也。公服冠帻、纱单衣、深衣、革带、假带、履袜、钩艓，谓之从省服，八品已下流外四品已上服也。流外五品已下九品已上，皆著褠衣为公服。(同前)

后周三公之服九，一曰祀冕，二曰火冕，三曰毳冕，四曰藻冕，五曰绣冕，六曰爵弁，七曰韦弁，八曰皮弁，九曰玄冠。三孤之服八，无火冕。公卿之服七，又无毳冕。上大夫之服六，又无藻冕。中大夫之服五，又无皮弁。下大夫之服四，又无爵弁。士之服三，一曰祀弁，二曰爵弁，三曰玄冠。庶士之服一，玄冠。后令文武俱著常服，冠形如魏帢，无簪有缨。（同前）

后汉郭林宗行遇雨，沾巾角折。后周武帝建德中，因制折上巾。（杜佑《通典》）按：此即后世幞头之由来。

建德六年九月戊寅，初令民庶已上，唯听衣绸绵丝布圆绫纱绢绡葛布等九种，余悉停断。朝祭之服不拘此例。（《北周书·武帝本纪》）

六　隋唐

隋之服制，亦依汉晋之旧。至炀帝乃定服色。

帽，古野人之服也。董巴云：上古穴居野处，衣毛帽皮，以此而言，不施衣冠明矣。案：宋齐之间，天子宴私著白高帽，士庶以乌，其制不定，或有卷荷，或有下裙，或有纱高屋，或有乌纱长耳。后周之时，咸著突骑帽，如今胡帽，垂裙覆带，盖索发之遗象也。又文帝项有瘤疾，不欲人见，每常著焉。相魏之时，著而谒帝，故后周一代，将为雅服，

小朝公宴，咸许戴之。开皇初，高祖常著乌纱帽，自朝贵已下，至于冗吏，通著入朝。(《隋书·礼仪志》)

帻，案：董巴云：起于秦人，施于武将，初为绛袙，以表贵贱焉。至汉孝文时，乃加以高颜。孝元帝额有壮发，不欲人见，乃始进帻。又董偃召见，绿帻傅鞲。《东观记》云："诏赐段颎赤帻大冠一具。"故知自上已下，至于皂隶及将帅等，皆通服之。今天子略猎御戎，文官出游田里，武官，自一品已下至于九品并流外吏，色皆同乌，厨人以绿，卒及驭人以赤，举辇人以黄，驾五辂人逐其车色。(同前)

巾，案：《方言》云："巾，赵魏间谓之承露。"《郭林宗传》曰："林宗尝行遇雨，巾沾角折。"又袁绍战败，幅巾渡河。此则野人及军旅服也。制有二等：今高人道士所著，是林宗折角；庶人农夫常服，是袁绍幅巾。故事用全幅，皂而向后襆发，俗人谓之襆头。自周武帝裁为四脚，今通于贵贱矣。(同前)

大业六年后，诏从驾涉远者，文武官等皆戎衣，贵贱异等，杂用五色。五品以上通著紫袍，六品以下兼用绯绿，胥吏以青，庶人以白，屠商以皂，士卒以黄。(《文献通考》)

唐之服制虽仍隋旧，而略有变更，且严定品官及庶人服色，禁臣民服赭黄。

衣冠服饰

初隋文帝听朝之服，以赭黄文绫袍，乌纱帽折上巾，六合靴，与贵臣通服，唯天子之带有十三环。文官又有平头小样巾。百官常服，同于庶人。至唐高祖以赭黄袍巾带为常服，腰带者搢垂头于下，名曰铊尾，取顺下之义。一品二品銙以金，六品以上以犀，九品以上以银，庶人以铁。既而天子袍衫稍用赤黄，遂禁臣民服。亲王及三品二王后服大科绫罗，色用紫，饰以玉。五品以上服小科绫罗，色用朱，饰以金。六品以上服丝布交梭双钏绫，色用黄。六品七品服用绿，饰以银。八品九品服用青，饰以鍮石。勋官之服，随其品，而加佩刀砺纷帨。流外官庶人部曲奴婢则服䌷绢絁布，色用黄白，饰以铁铜。（《新唐书·车服志》）

贞观四年八月丙午，诏三品以上服紫，五品以上服绯，六品七品以绿，八品九品以青。妇人从夫色。（《旧唐书·太宗本纪》）

龙朔二年九月，司礼少常伯孙茂道奏称，八品九品旧令著青乱紫，非卑品所服，望令著碧，诏从之。（《旧唐书·高宗本纪》）

太宗时定士庶服衫袍之制。

太宗时，士人以棠苎襕衫为上服，贵女工之始也。一命以黄，再命以黑，三命以纁，四命以绿，五命以紫。士服短褐，庶人以白。中堂令马周上议，《礼》无服衫之文，三代之制有深衣，请加襕袖褾襈，为士人上服。开胯者，名曰缺胯衫，庶人服之。又请裹头者左右各三襵，以象三才；重系两脚，以象二仪，诏皆从之。太尉长孙无忌又议，服袍者下加襕，绯紫绿皆视其品，庶人以白。(《新唐书·车服志》)

文宗时，又定诸妇服制。

初，妇人施幂䍠以蔽身，永徽中，始用帷冒，施裙及颈，武后时，帷冒益盛，中宗后，乃无复幂䍠矣。宫人从驾，皆胡冒乘马，海内效之，玉露髻驰骋，而帷冒亦废。开元中，奴婢服襕衫，而士女衣胡服。其后安禄山反，当时以为服妖之应。文宗即位，诏妇人裙不过五幅，曳地不过三寸，襦袖不过一尺五寸。衣青碧缬，平头小花草履，彩帛缦成履，而禁高髻险妆，去眉开额，及吴越高头草履。诏下，人多怨者。京兆尹杜悰条易行者为宽限，而事遂不行。唯淮南观察使李德裕令管内妇人衣袖四尺者阔一尺五寸，裙曳地四五寸者减三寸。(同前)

而男婚女嫁，得以假服。

凡职事官三品以上有公爵者，嫡子婚，听假以四品冕服。若五品以上子孙，九品以上子及五等爵，皆听爵弁服。若庶人婚，听假以绛公服。凡百官女嫁，听服母服。（同前）

七 宋

宋仍唐制，百官及庶人各定服色。

宋因唐制，三品以上服紫，五品以上服朱，七品以上服绿，九品以上服青。其制曲领大袖，下施横襕，束以革带、幞头、乌皮靴，自王公至一命之士通服之。幞头一名折上巾，起自后周，然止以软帛垂脚，隋始以桐木为之。唐始以罗代缯，惟帝服则脚上曲，人臣下垂。五代渐变平直。国朝之制，君臣通服平脚，乘舆或服上曲焉。其初以藤织草巾子为里，纱为表，而涂以漆；后惟以漆为坚，去其藤里，前为一折，平施两脚，以铁为之。带古惟用革，自曹魏而下，始有金银铜之饰。宋制尤详，有玉有金有银有犀，其下铜铁角石墨玉之类，各有等差。玉带不许施于公服。犀非品官，通犀非特旨，皆禁。铜铁角石墨玉之类，民庶及郡县吏伎术等人皆得服之。（《宋

史·舆服志》)

宋初沿旧制,朝履用靴,政和更定礼制,改靴用履,中兴仍之,乾道七年,复改用靴,以黑革为之,大抵参用履制,惟加靿焉。其饰亦有絇繶纯綦,大夫以上具四饰,朝请武功郎以下去繶,从义宣教郎以下至将校伎术官,并去纯。底用麻再重,革一重,里用素衲毡,高八寸,诸文武官通服之。惟以四饰为别,服绿者饰以绿,服绯紫者饰亦如之,效古随裳色之意。(同前)

士庶人车服之制,太平兴国七年诏曰:"士庶之间,车服之制,至于丧葬,各有等差。近年以来,颇成逾僭,宜令翰林学士承旨李昉详定以闻。"昉奏:"今后富商大贾,乘马漆素鞍者勿禁。近年品官绿袍,及举子白襕,下皆服紫色,亦请禁之。其私第便服,许紫皂衣白袍。旧制庶人服白,今请流外官及贡举人庶人通许服皂。"并从之。(同前)

国朝既以绯紫为章服,故官品未应得服者,虽燕服亦不得用紫,盖自唐以来旧矣。太平兴国中,李文正公昉尝举故事,请禁品官绿袍举子白纻下不得服紫色衣,举人听服皂,公吏工商伎术通服皂白二色。至道中,弛其禁。今胥吏宽衫与军伍窄衣皆服紫,沿习之久,不知其非也。(叶梦得《石林燕语》)

南宋时，朱熹又定士大夫祭祀冠婚之服。

中兴士大夫之服，大抵因东都之旧，而其后稍变焉。一曰深衣，二曰紫衫，三曰凉衫，四曰帽衫，五曰襕衫。淳熙中，朱熹又定祭祀冠婚之服，特颁行之。凡士大夫家祭祀冠婚，则具盛服。有官者，幞头带靴笏，进士则幞头襕衫带，处士则幞头皂衫带，无官者通用帽子衫带，又不能具，则或深衣或凉衫，有官者亦通用帽子以下，但不为盛服。妇人则假髻大衣长裙，女子在室者冠子背子，众妾则假紒背子。冠礼三加冠服，初加缁布冠深衣大带纳履，再加帽子皂衫革带系鞋，三加幞头公服革带纳靴。其品官嫡庶子，初加折上巾公服，再加二梁冠朝服，三加平冕服。若以巾帽折上巾为三加者，听之。深衣（用白细布，度用指尺，衣全四幅，其长过胁。下属于裳，裳交解十二幅，上属于衣，其长及踝。圆袂，方领，曲裾，黑缘）、大带、缁冠、幅巾、黑履，士大夫家冠婚祭祀宴居交际服之。（《宋史·舆服志》）

古人衣服之制不复存，独深衣则《戴记》言之甚备，然其制虽具存，而后世苟有服之者，非以诡异贻讥，则以儒缓取哂。虽康节大贤，亦有“今人不敢服古衣”之说。司马温公必居独乐园而后服之，吕荥阳、朱文公必休致而后服之。然则三君子当居官莅职见用于世之时，亦不敢服以取骇于俗观也。盖例以物外高人之野服视之矣，可胜慨哉！(《文献通考》)据此朱熹虽定其制，当时实未有人敢服。

凉衫其制如紫衫，亦曰白衫。乾道初，礼部侍郎王曮奏："窃见近日士大夫皆服凉衫，甚非美观，而以交际居官临民，纯素可憎，有似凶服。陛下方奉两宫，所宜革之。且紫衫之设以从戎，故为之禁。而人情趋简，便靡而至此。文武并用，本不偏废，朝章之外，宜有便衣，仍存紫衫，未害大体。"于是禁服白衫，除乘马道涂许服外，余不得服，若便服许用紫衫。自后凉衫只用为凶服矣。(《宋史・舆服志》)

帽以乌纱，衫以皂罗为之，角带系鞋，东都时士大夫交际常服之。南渡后，一变为紫衫，再变为凉衫，自是服帽衫少矣，惟士大夫家冠婚祭祀犹服焉，若国子生常服之。(同前)

其于妇人，服饰亦有定制。

端拱二年，诏妇人假髻，并宜禁断，仍不得作高髻及高冠。其销金泥金真珠装缀衣服，除命妇许服外余人并禁。(同前)

天圣三年，诏妇女不得将白色褐色毛段，并淡褐色匹帛，制造衣服，令开封府限十月断绝。妇人出入乘骑在路，

披毛褐以御风尘者,不在禁限。(同前)

皇祐元年,诏妇人冠高毋得逾四寸,广毋得逾尺,梳长毋得逾四寸,仍禁以角为之。先是宫中尚白角冠梳,人争仿之,至谓之内样冠,名曰垂肩等,至有长三尺者,梳长亦逾尺。议者以为服妖,遂禁止之。(同前)

绍兴五年,高宗谓辅臣曰:"金翠为妇人服饰,不惟靡货害物,而侈靡之习,实关风化,已戒中外,及下令不许入宫门,今无一人犯者。尚恐士民之家,未能尽革,宜申严禁,仍定销定及采捕金翠罪赏格。"(同前)

宁宗嘉泰初,以风俗侈靡,诏官民务从简朴。又以宫中金翠,燔之通衢,贵近之家,犯者必罚。(同前)

妇人不服宽袴与襜,制旋裙必前后开胯,以便乘驴。其风始于都下妓女,而士夫家反慕之,曾不知耻辱如此。(江休复《邻几杂志》)

八 元

元制冠服,参酌古今,兼存国制。

元初立国,庶事草创,冠服车舆,并从旧俗。世祖混一天下,近取金宋,远法汉唐,大抵参酌古今,随时损益,兼存国制。百官公服，制以罗，大袖盘领，俱右衽。一品紫，大独科花，径五寸；二品小独科花，径三寸；三品散答花，径二寸无枝叶；四品五品小杂花，径一寸五分；六品七品绯罗，小杂花，径一寸；八品九品绿罗，无文。幞头漆纱为之，展其角。偏带正从一品以玉，或花或素，二品以花犀，三品四品以黄金为荔枝，五品以下以乌犀，并八胯。鞓用朱革，靴以皂皮为之。(《元史·舆服志》)

延祐元年冬十有二月，定服色等第，诏曰：比年以来，所在士民，靡丽相尚，尊卑混淆，僭礼费财，朕所不取。贵贱有章，益明国制，俭奢中节，可阜民财。命中书省定立服色等第于后：

一、蒙古人不在禁限，及见当怯薛(按：为内府执役者)诸色人等亦不在禁限，惟不许服龙凤文，龙谓五爪二角者。

一、职官除龙凤文外，一品二品服浑金花，三品服金答子，四品五品服云袖带襕，六品七品服六花，八品九品服四花系腰，五品以下许用银并减铁。

一、命妇衣服，一品至三品服浑金，四品五品服金答子，六品以下惟服销金并金纱答子。首饰一品至三品许用金珠宝玉，四品五品用金玉珍珠，六品以下用金，惟耳环用珠玉。同籍不限亲疏，期亲虽别籍并出嫁同。

一、器皿除钑造龙凤文不得使用外，一品至三品许用金玉，四品五品惟台盏用金，六品以下台盏用镀金，余并用银。

一、帐幕除不得用赭黄龙凤文外，一品至三品许用金花刺绣纱罗，四品五品用刺绣纱罗，六品以下用素纱罗。

一、内外有出身考满应入流见役人员，服用与九品同。

一、庶人除不得服赭黄，惟许服暗花纻丝细绫罗毛毳帽笠，不多饰用金玉。靴不得裁制花样。首饰许用翠花，并金钗锦各一事，惟耳环用金珠碧甸，余并用银。酒器许用银壶瓶台盏盂镟，余并禁止。帐幕用纱绢，不得赭黄。

一、诸色目人除行营帐外，其余并与庶人同。

一、诸职官致仕与见任同。解降者依应得品级，不叙者与庶人同。

一、父祖有官既没，年深非犯除名不叙之限，其命妇及子孙与见任同。

一、诸乐艺人等服用与庶人同。凡承应妆扮之物，不拘上例。

一、皂隶公使人，惟许服细绢。

一、娼家出入止服皂褙子，不得乘坐车马，余依旧例。

一、今后汉人高丽南人等投充怯薛者，并在禁限。

一、服色等第，上得兼下，下不得僭上，违者职官解见任，期年后降一等叙。余人决五十七下，违禁之物付告捉

人充赏。有司禁治不严，从监察御史廉访司究治。御赐之物不在禁限。（同前）

胡帽旧制无前檐，帝因射，日色炫目，以语后，后即益前檐，帝大喜，遂命为式。又制一衣，前有裳无衽，后长倍于前，亦无领袖，缀以两襟，名曰比甲，以便弓马，时皆仿之。（《元史·世祖昭睿顺圣皇后传》）

九　明

明之服制，大半取法周汉唐宋之旧，百官以及庶人皆有定制。

洪武三年，礼部言历代异尚，夏黑、商白、周赤、秦黑、汉赤，唐服饰黄旂帜赤。今国家承元之后，取法周汉唐宋，服色所尚，于赤为宜。从之。（《明史·舆服志》）

文武官公服，洪武二十六年定。每日早晚朝奏事，及侍班谢恩见辞则服之，在外文武官每日公座服之。其制盘领右衽袍，用纻丝或纱罗绢，袖宽三尺，一品至四品绯袍，五品至七品青袍，八品九品绿袍，未入流杂职官袍笏带与八品以下同。公服花样，一品大独科花，径五寸；二品小独科花，径三寸；三品散答花无枝叶，径二寸；四品五品小杂花纹，径一寸五分；六品七品小杂花，径一寸；八品以下无纹。幞头漆纱二等展角，长一尺二寸。杂职官幞头垂带后复令展角，不用垂带与入流官同。笏依朝服为之。腰带一品玉，或花或素，二品犀，三品四品金荔枝，五品以下乌角。鞓用青革，仍垂挞尾于下。靴用皂。其后常朝止朝服，惟朔望具公服。（同前）

文武官常服，洪武三年定。凡常朝视事，以乌纱帽团领衫束带为公服。其带一品玉，二品花犀，三品金钑花，四品素金，五品银钑花，六品七品素银，八品九品乌角。二十三年定制文官衣自领至裔去地一寸，袖长过手复回至肘。武官去地五寸，袖长过手七寸。二十四年定公侯驸马伯服麒麟白泽，文官一品仙鹤，二品锦鸡，三品孔雀，四品云雁，五品白鹇，六品鹭鸶，七品鸂鶒，八品黄鹂，九品鹌鹑，杂职练鹊，风宪官獬廌。武官一品二品狮子，三品四品虎豹，五品熊罴，六品七品彪，八品犀牛，九品海马。又令品官常服用杂色纻丝绫罗彩绣，官吏衣服帐幔不许用玄黄紫三色，并织绣龙凤文，违者罪及染造之人。天顺二年，定官民衣服不得用蟒龙、飞鱼、斗牛、大鹏、像生、狮子、四宝相花、大西番莲、大云花样，并玄黄紫，及玄色、黑绿、柳黄、薰黄、明黄诸色。（同前）

又定士庶僧道之服，皆较前代为明。

儒士生员监生巾服，洪武三年令士人戴四方平定巾。二十三年定儒士生员衣，自领至裳去地一寸，袖长过手复回不及肘三寸。二十四年以士子巾服无异吏胥，宜甄别之，命工部制式以进，太祖亲视，凡三易乃定。生员襕衫，用玉色布绢为之，宽袖皂缘皂绦，软巾垂带。贡举入监者不变所服。洪武末，许戴遮阳帽，后遂私戴之。洪熙中，帝问衣蓝者何人，左右以监生对，帝曰："著青衣较好。"乃易青圆领。（《明史·舆服志》）

庶人冠服，明初庶人婚许假九品服。洪武三年，庶人初戴四带巾，改四方平定巾，杂色盘领衣，不许用黄。又令男女衣服，不得僭用金绣锦绮纻丝绫罗，止许紬绢素纱。其靴不得裁制花样，金线装饰。首饰钗镯，不许用金玉珠翠，止用银。六年令庶人巾环不得用金玉玛瑙珊瑚琥珀，未入流品者同。庶人帽不得用顶，帽珠止许水晶香木。十四年令农衣紬纱绢布，商贾止衣绢布。农家有一人为商贾者，亦不得衣紬纱。二十二年令农夫戴斗笠蒲笠，出入市井不禁，不亲农业者不许。二十三年令耆民衣制袖长过手复回不及肘三寸，庶人衣长去地五寸，袖长过手六寸，袖椿广一尺，袖口五寸。二十五年以民间违禁，靴巧裁花样，嵌以金线蓝条，诏礼部严禁庶人不许穿靴，止许穿皮札翰；

惟北地苦寒，许用牛皮直缝靴。正德元年，禁商贩仆役娼优下贱不许服用貂裘。十六年禁军民衣紫花罩甲，或禁门或四外游走者，缉事人禽之。（同前）

士庶妻冠服，洪武三年定制，士庶妻首饰用银镀金，耳环用金珠，钏镯用银，服浅色团衫，用纻丝绫罗绌绢。五年令民间妇人礼服惟紫绝，不用金绣，袍衫止紫绿桃红及诸浅淡颜色，不许用大红鸦青黄色，带用蓝绢布。女子在室者作三小髻，金钗珠头髻，窄袖褙子。凡婢使高顶髻，绢布狭领长袄长裙。小婢使双髻，长袖短衣长裙。成化十年禁官民妇女不得僭用浑金衣服，宝石首饰。正德元年令军民妇女不许用销金衣服帐幔，宝石首饰镯钏。（同前）

僧道服，洪武十四年定禅僧茶褐常服，青绦玉色袈裟；讲僧玉色常服，绿绦浅红袈裟；教僧皂常服，黑绦浅红袈裟；僧官如之；惟僧录司官袈裟绿文及环皆饰以金。道士常服青，法服朝衣皆赤；道官亦如之；惟道录司官法服朝服绿文饰金。凡在京道官红道衣金襕木简，在外道官红道衣木简不用金襕，道士青道服木简。（同前）

国初时衣衫褶前七后八，弘治间上长下短褶多，正德初上短下长三分之一，士夫多中停。冠则平顶高尺余，士夫不减八九寸。嘉靖初服上长下短似弘治时。市井少年帽尖长，俗云边鼓帽。弘治间妇女衣衫仅掩裙腰。富者用罗缎纱绢，织金彩通袖，裙用金彩膝襕，髻高寸余。正德间衣衫渐大，裙褶渐多，衫唯用金彩补子，髻渐高。嘉靖初衣衫大至膝，裙短褶少，髻高如官帽，皆铁丝胎，高六七寸，口周面尺二三寸余。（顾炎武《日知录》引《太康县志》）

万历初童子发长犹总角，年二十余始戴网。天启间则十五便戴网，不使有总角之仪矣。万历初庶民穿腄靸，儒生穿双脸鞋，非乡先生首戴忠靖冠者，不得穿边云头履，至近日则门快舆皂无非云履，医卜星相莫不方巾，又有晋巾、唐巾、乐天巾、东坡巾者。先年妇人非受封不敢戴梁冠、披红袍、系拖带，今富者皆服之。又或著百花袍，不知创自何人？万历间辽东兴冶服，五彩炫烂，不三十年而遭屠戮。兹花袍几二十年矣，服之不衷，身之灾也，兵荒之咎，其能免与？（同前引《内丘县志》）

一〇　清

清之服制，循其国俗，而与前代不同。

崇德二年谕诸王贝勒曰："昔金熙宗及金主亮废其祖宗时冠服，改服汉人衣冠，迨至世宗，始复旧制。我国家以骑射为业，今若轻循汉人之俗，不亲弓矢，则武备何由而习乎？射猎者演武之法，服制者立国之经，嗣后凡出师田猎许服便服，其余悉令遵照国初定制，仍服朝衣，并欲使后世子孙勿轻变弃祖制。”盖清自崇德初元已厘定上下冠服诸制，高宗一代法式加详。（《清史稿·舆服志》）

其文武官服制，有朝冠朝服，别有各种饰物。

朝冠一品顶镂花金座，中饰东珠一，上衔红宝石；二品中饰小红宝石一，上衔镂花珊瑚；三品中饰小红宝石一，上衔蓝宝石；四品中饰蓝宝石一，上衔青金石；五品中饰小蓝宝石一，上衔水晶石；六品中饰小蓝宝石一，上衔砗磲；七品中饰小水晶一，上衔素金；八品镂花阴文，金顶无饰；九品镂花阳文金顶。补服一品文绣鹤，武绣麒麟；二品文绣锦鸡，武绣狮；三品文绣孔雀，武绣豹；四品文绣雁，武绣虎；五品文绣白鹇，武绣熊；六品文绣鹭鸶，武绣彪；七品文绣鸂鶒，武绣犀牛；八品文绣鹌鹑，武同七品绣犀牛；九品文绣练雀，武绣海马；惟都御史、副都御史、按察使、道给事中御史通绣獬豸。朝服一品至四品蓝及石青诸色随所用，披领及袖俱石青片金缘，各加海龙缘，两肩前后正蟒各一，腰帷行蟒四，中有襞积裳行蟒八，皆四爪。五品至七品色用石青片金缘，通身云缎，前后方襕行蟒各一，中有襞积领袖俱用石青妆缎。八品九品用石青云缎无蟒，领袖冬夏皆青倭缎，中有襞积。朝珠文五品武四品以上均

得用，以杂宝及诸香为之。（同前）

其士庶服制，略有规定，严禁用黄色秋香色及米色。

顺治三年，定庶民不得用缎绣等服，满洲家下仆隶有用蟒缎妆缎锦绣服饰者严禁之。九年定凉帽暖帽圆月，惟职官用红片金，庶人则用红缎。僧道服袈裟道服外，许用䌷绢纺丝素纱各色，布袍用土黑缁黑二色。康熙元年，定军民人等有用蟒缎、妆缎、金花缎、片金倭缎、貂皮、狐皮、猞猁狲为服饰者禁之。三十九年，定八旗举人、官生、贡生、生员、监生护军、领催许服平常缎纱，天马、银鼠不得服用。汉举人、官生、贡生、监生、生员除狼皮外，例亦如之。军民胥吏不得用狼狐等皮，有以貂皮为帽者并禁之。又兵民人等鞍辔不得用绣缎、倭缎、搭线镶缘及镀金为饰。（同前）

崇德元年，定冠服通例，亲王以下官民人等，俱不许用黄色及五爪龙凤黄缎。顺治八年，谕官民人等帽缨不许用红紫线，披领、系绳、合包、腰带不许用黄色，线靴底牙缝马鞍坐鞊牙缝不许用黄色，一应朝服便服表里俱不许用黄色、秋香色。雍正二年，禁官员军民服色有用黑狐皮、秋香色、米色、香色及鞍辔用米色、秋香色者，于定例外，加罪议处。（《清会典》）

图书在版编目（CIP）数据

衣冠服饰：小精装校订本 / 杨荫深编著. —上海：上海辞书出版社，2020
（事物掌故丛谈）
ISBN 978-7-5326-5599-1

Ⅰ.①衣… Ⅱ.①杨… Ⅲ.①服饰文化－中国 Ⅳ.①TS941.12

中国版本图书馆CIP数据核字（2020）第100229号

事物掌故丛谈

衣冠服饰（小精装校订本）

杨荫深　编著

题　　签　邓　明　篆　　刻　潘方尔
绘　　画　赵澄襄　英　　译　秦　悦

策划统筹　朱志凌　责任编辑　朱志凌　特约编辑　徐　盼
整体设计　赵　瑾　版式设计　姜　明　技术编辑　楼微雯

出版发行　上海世纪出版集团
　　　　　上海辞书出版社（www.cishu.com.cn）
地　　址　上海市陕西北路457号（邮编　200040）
印　　刷　上海雅昌艺术印刷有限公司
开　　本　889×1194毫米　1/32
印　　张　6
插　　页　4
字　　数　80 000
版　　次　2020年8月第1版　2020年8月第1次印刷
书　　号　ISBN 978-7-5326-5599-1/T・193
定　　价　49.80元